残念な「オス」という生き物

可悲的雄性生物

藤田紘一郎 著
陳嫻若 譯

前言

以前，我做過實驗，把條蟲（寄生蟲的一種）養在自己的腸子裡經歷六代，時間長達十五年。

原因是我想揭開寄生蟲抑制過敏的機制，並且加以證明，這個舉動在醫學界引起了很大的迴響或批評，不過從此之後大家就叫我「寄生蟲博士」了。

第一代條蟲，我爲它取名爲里美，第二代叫廣美，第三代是清美，第四代直美，第五代勝美，最後的第六代稱爲穗希。

常有人問我「條蟲的名字是怎麼取的？」「是老師以前喜歡的女性名字嗎？」「還眞多呀……」等，可惜猜錯了。

答案是由於條蟲是雌雄同體，所以我不想取像一郎或花子那種性別明確的名字。總之，我選擇了像「鄉廣美」那樣，男女通用的名字爲它們命名。

遍覽整個生物界，雌雄同體的生物除了條蟲等寄生蟲外，還有蝸牛、蛞蝓、蚯蚓、海兔等相當多。雌雄同體中，有些生物可以時而變成雄性，時而變成雌性，一個身體可以自由自在的變換性別。

而既然有些生物未必存在雌性或雄性的個體也能繁殖，那爲什麼有些生物如同人類，擁有「男」和「女」的性別差異呢？

我從很早以前便對這個現象百思不解，各位讀者想過這個問題嗎？

回想起自己年少時代，有關女性的方面，幾乎都是充滿苦澀的不如意經驗。（說白了，我只能遠遠的羨慕受女生歡迎的男性朋友）。

想到心愛的異性，晚上睡不著，又必須裝酷，或打扮得時髦美麗。若是失戀的話，就會傷心難過個好幾天，不是吃不下飯就是暴飲暴食，精神上受到嚴重打擊。明明既煩惱又頭痛，令人心煩意亂，但是這個世上就是有「男」和「女」的存在。

這些問題雖然我們再怎麼思考都得不出解答，但是重新從生物界俯視「男」與「女」，可以看見一個事實。

那就是，因爲有了性別，才能產生形形色色的故事。就算是我們人類也很愛這種題材，所以雜誌或綜藝節目經常會登出男女交往或戀愛你追我跑的故事。

不過不只是人類，昆蟲、鳥類和動物的雄性與雌性之間也會發展出不可思議的故事。

尤其當我們把目光集中在「雄性」時，會發現有好多的故事，令人感嘆牠們眞是種可悲的生物。孤獨，無法留下子孫的「雄性」拚搏的行爲和悲哀的盡頭讓人憐愛，讓人不得不認爲，「男」與「女」果然是地球生物進化時的最佳戰略。

直到最近，世人終於開始討論起多樣性。我想，「性別爲什麼存在？」這樣的疑問和好奇心，也許能引導人們認同性別差異的存在，因而成爲接受多樣性的契機。

本書若能爲此盡上微薄之力，身爲作者將不勝榮幸。

♂目次

第2章　人類選擇「一夫一妻制」的臨界點

第3章　雄性無用論

第4章　太可悲的生物——「人類」

第5章　避免人類滅絕的意外方法

後記

第1章

生物界盡是「可悲的雄性」？

男女角色激變的日本社會

過去的二十幾年間，我每年都會到紐幾內亞一次。

與許多紐幾內亞人接觸當中，我領略到他們所屬的社會，與我們日本人構成的社會迥然不同。

紐幾內亞屬於狩獵採集社會，從狩獵採集獲得的糧食，平等分配給所有族人，維持和平的社會。男人和女人爲了生存，讓整個部族都處在良好的環境中。

從狩獵採集社會經過農耕社會，清楚的區分了男女的任務，男人爲一家之長，男人說的話就是家裡的法律，男人的角色就是保護家人不受外部的威脅，給予家人生活必需品。

相對的，女人一直維持著懷孕生子，守護家庭生活的角色。

我意識到相比之下，我們居住的現代日本社會是多麼難以生存。

從狩獵採集的社會轉變爲農耕社會的結果，失去了平等，出現了貧富差距，不只如此，男女的角色也大有變化。

尤其是男性，活在現今的時代大不易。

為什麼男性的自殺率居高不下？

步入二十世紀後，先進國家意識到男女不平等的問題，經過再三辯論，漸漸走向平權的道路。

其中，根據二〇一五年的數據統計，自一九六〇年以後，女性自殺率減少了34%，相對而言，**男性的自殺率卻反倒增加了16%**。

爲了打倒男女不平等而發起的女性主義運動，砍斷了把女性束縛在廚房的鎖鍊，因此，在先進國家，大部分女性不論自己是否期望，都開始在社會上工作。女性生產，養育，也接手過去男性承擔的工作。

現在在英國，五個家庭中就有一個是沒有父親的母子單親家庭，很多人看到這種狀態會以爲，這種社會對女性來說不是太吃力了嗎？事實卻正相反。

如果就吃力的程度來說，男性在社會中活得比較吃力。

因爲只要生下孩子，對女性而言，根本就不再需要男性了。

說不定這可能成爲男性自殺率增加的原因。

我們過去建立的文明達到了方便、舒適，我們日本人沉浸在這種文明之中，享受著全方位的豐饒。

但是，它卻正在一點一點的腐蝕我們的身心。

現代社會對男人或女人而言都變得生活大不易，由於環境污染，釋放出戴奧辛之類的環境荷爾蒙，男性產生了女性化的現象，置身在許多壓力和活性氧當中生活，不論男性或女性都變成非常脆弱的生物。

男女失去性欲，沒有意願生小孩，也許因爲這層壓力，世界各地異性之間的磨擦也逐年增加。

現代，威脅我們生存的，其實正是我們建立的「文明」本身。我們現今要做的，就是再一次回顧自然界生物的生存方式。

人類忘了自己原本是動物

「對人類有任何不解的話，就應回到原因，而答案可以從動物身上找到。」

這句話是已故的生物學權威——京都大學名譽教授日高敏隆留下的名言。

今日的日本，越來越多夫妻儘管經歷重重難關才終成眷屬，但是最後又走上離婚一途，而且都是結婚後相當早期便分了手。根據某項統計的調查結果，結婚的夫妻約有四成在婚後四到五年左右各分東西。

從前，我們以爲夫妻隨著共同生活的時間越長，容易進入倦怠期，因而出現離婚危機，但是某項調查顯示，離婚率最高的時期爲結婚初期的第四到五年，約占39％，過了這段期間後，感情破裂的危險性陡然降低，走過十年的夫妻，離婚率不到20％，結婚四十年時，離婚率更下降到1％。

此外，社會上越來越多人一生都不曾結婚。

「終生未婚率」正確的說，並不是一輩子都未婚的比例，而是到五十歲時尚未結婚的比例。研究者將五十歲仍未婚的人定義爲未來沒有結婚計畫的人，所以作爲統計終生未婚者有多少人的指標。

依據二〇一五年國勢調查，終生未婚率爲男性23．37％，女性14．06％，與前次二〇一〇年的結果比較，數字急遽上升，突破了過去的最高記錄。

尤其是男性，與二〇〇五年的調查相比，增加了七個百分點。

進而，「夫源病」這個名詞，最近在女性之間成爲話題，顧名思義，這個病指的是很多女性出現了頭痛、頭暈的症狀，而原因都出在丈夫身上。

儘管日本稱得上是全世界最方便、最富足的國家，健康資訊充斥街頭，可口美食隨手可得，但是男女關係卻糾結複雜，最後不論男女都筋疲力竭，或是罹患心理生病。

爲什麼會變成這種狀態？

原因是我們忘了「人類原本也是動物」和「男人與女人的思考方式各不相同」。

完成它比要求完美更重要

現在我們人類的祖先「智人」，不過是二十萬年前才誕生，地球上最早的生物第一次出現是在三十八億年前，相比之前，二十萬年只是一眨眼的工夫。**我們原本的樣貌與動物沒有什麼差別。**

Done is better than perfect.

「完成它比要求完美更重要。」

這句話是提供社群網路服務（SNS）的臉書公司貼在牆上的格言，它的意思是，一味的要求完美，只會累積挫折，害怕失敗，什麼都做不成，也不會成長。**我們看動物的世界，沒有一種動物會以完美爲目標，牠們都相當隨便，只要達到某種程度的目的，就會半途而廢。**

例如，許多野生動物或昆蟲，並不會永遠待在一個食物區進食。因爲在同一個地方一直吃下去，食物區的食物會越來越少，最後完全枯竭。牛津大學的約翰·克雷普斯博士是鳥類研究家，他提出論述將這個現象定義為「**最佳覓食策略**」。

舉例來說，瓢蟲會吃附著在植物上的蚜蟲，但牠不會全部吃光，只是隨便的到處吃吃，再飛到下一株植物。

剩下的蚜蟲從觸覺察覺自己的同伴減少了，於是雌蚜蟲在春夏之間進行單性生殖，所以短時間就能產下大量幼蟲，轉眼間就恢復原本的個體數。

如上所述，動物或昆蟲早就知道追求完美會威脅到自己的生存，所以這可以說是牠們求生的智慧之一。

我們人類也是一種與完美有段距離的生物，儘管如此，人們總是想以完美為目標，對男女的關係也是一樣，就因為不完美的生物互相要求完美，才會走到死胡同，或是產生扭曲。

女性總是抱怨：「男人真是笨蛋。」

男性心裡認為：「女人真笨。」

男女的差異，正是我們現代人種種煩惱的起因。

女人的抱怨正確嗎？還是男人心裡想的才是正確的呢？接下來我們就以各種生物為例，來檢證一下它的眞實性吧。

只為了受歡迎而演化得美麗耀眼的雄性

公孔雀會在身體穿上滿滿的裝飾，長出長而美的尾巴，公長尾雞甚至擁有比體長多二倍以上的美麗尾巴。

長尾巴有危險性，不但使牠們飛行能力低落，又因為太醒目容易被天敵獵捕，為什麼還要長那麼長呢？

生物進化論是根據距今約一百六十年前達爾文《物種起源》中「自然淘汰」的論點加以釋明，並以它為中心思考出來的。也就是說，在生物變異中，只會挑選對自己存活有必要的性質。

但是，雄性的孔雀不但穿著華麗的裝飾，還擁有長長的尾巴，不但容易被掠

食者捕捉，也很難逃脫。

很難認為長尾巴是存活必要的選擇。

因此，達爾文加入了「性淘汰」的想法，換句話說，某些性質即使不利於自然淘汰，但只要是有助於繁衍，它也會成為演化的重要因素。

雄性孔雀和長尾雞穿戴著華麗的羽飾，是「為了吸引雌鳥」，給予視覺上的刺激，用來引誘雌鳥與牠交配。而且雌鳥也會觀察對象，審慎挑選。

其他方面，我們也能從許多種動物看到雄性過於醒目的求偶動作。

公羊會與同性夥伴頭撞頭，向母

羊展現自己的勇猛，而據說雄性青蛙的鳴叫聲越是響亮，交配的成功率就越高。

還有一種鳥類叫做極樂鳥，牠們最有名的就是羽飾色彩鮮豔、設計奇特，還會跳起滑稽的求偶舞。

雄性用盡一切手段，只爲了竭盡所能的向雌性展現自己。

附帶一提，第一位目睹極樂鳥求偶舞的西洋人，是英國的博物學家阿弗雷德・羅素・華萊士（Alfred Russel Wallace），他與達爾文一同提倡進化論，並且追逐極樂鳥，航海到紐幾內亞的阿魯群島，仔細的記錄他對極樂鳥的觀察，寫成了書。

我每年也到紐幾內亞進行現場調查，期間長達二十年以上，但是我只看過一次極樂鳥的求偶舞。但是，當我目擊此景時，雖然爲牠舞姿的優美而屏息，但同時也體會到雄性全力展現自己美好一面的悲哀。

其他像是蠍蛉的雌蟲，不只注意雄蟲的顏色或尺寸，對「左右對稱」也會有反應。他們的世界中，雄蟲吸引雌蟲的條件是左右翅膀完全「對稱」，可能是因爲對稱的翅膀平衡好，運動能力卓越，也擅長捕食，可以留下優秀的基因吧。

關於我們人類，有個研究結果說：「身體部分左右平衡的男人，與左右不平

衡的男人相比，性經驗會提早三到四年。」

所以說，即使是走在演化最前端的人類，也和動物一樣受到「性淘汰」的影響。

「騙子勝利」——雄性與雌性白熱化的世界

不管再怎麼慘，男人總是有拋不下的自尊心。

如果堅持自尊，仍能受歡迎倒也沒什麼關係，可惜現實沒這麼簡單。

爲了戰勝情敵，有時也必須放下自尊心。

寄生小蜂是蜂的一種，只要雄蜂聞到雌蜂放出的費洛蒙，立刻就會聚集過來向牠求偶。據說，最多的時候，甚至會有十五隻雄蜂聚集過來向一隻雌蜂求婚。

求偶的時候，雄蜂最先採取第一戰略，這項戰略是其他情敵不在時才會施行的戰術。

雄蜂會在雌蜂停佇的葉片邊緣降落，拍打翅膀發出低沉聲音，充滿魅力的遊說雌蜂。接著直立腹部，振動腳下的葉片，給雌蜂更具深意的訊息。

雌蜂若覺得這種振動舒服，就會收起翅膀，垂下頭來，這便是雌蜂傳遞出喜悅的ＯＫ信號，於是雄蜂會站在雌蜂身上，開始歡樂的交配。

但是，情敵很多的時候，致勝率會降低。

這時候要實施第二戰略。

雄蜂向雌蜂求偶正高潮時，如果發現有其他雄蜂靠近，牠就會停止求偶，屏氣凝神的觀察其他雄蜂的求偶。

當情敵開始振動腳下，**雌蜂陶醉**的放出ＯＫ信號的瞬間，在旁靜觀的雄蜂立刻抓準時機飛上去站在雌蜂背上，開始交配。

被奪走雌蜂的情敵目瞪口呆，一般從求偶到交配的時間平均爲十三秒，但是這種趁隙而入的戰術只要花八秒鐘，雖然很卑鄙，但可以算是非常合理的戰術。

還有另外一種更厲害的第三戰略，這戰略竟然是男扮女裝。

雄蜂求婚成功，好不容易到達交配的階段，但是雌蜂散發的費洛蒙還是不斷吸引其他的雄蜂靠近。

雄蜂不想被其他靠近的情敵搶走雌蜂，便向情敵們假扮雌蜂。牠會收起翅膀，垂下頭，那姿態就和雌蜂發出交配OK訊息時一模一樣。這種蜂的雄雌在外觀上幾乎沒有不同，所以很不幸的，情敵看到雄蜂誤以爲牠是雌蜂，便爬上去想交配。

但是，雄蜂與雄蜂當然不能交配，情敵只是白費時間罷了。雌蜂看到雄蜂與雄蜂靠在一起的樣子，就飛到別的地方去了，不知道牠是不是在說：「我不想理你了」。

即使被人批評卑鄙、遷就，但是寄生小蜂的雄蜂也許只會滿不在乎的說：「被騙是對方的問題」吧。

即使如此，正當雄蜂與雄蜂拚命演出無謂的交配時，雌蜂卻與我何干似的轉身飛走……也許雌蜂才是智高一籌的對手呢。

被雌性的任性玩弄於股掌間的生物界雄性

日本每個季節都有很多節慶，正月、節分[1]、七夕、中元、耶誕等，除了這些自古以來習以爲常的傳統，現在還有萬聖節、情人節等，慶祝的活動幾乎每個月都有，十分有趣。

生活在現代，耶誕或生日時節，贈送禮物似乎是一種常識，街頭上許多商店都將送禮用品擺得琳瑯滿目，並且花了很多心思在包裝服務上。隨著耶誕腳步的接近，看到百貨公司的飾品賣場裡，一個男子使盡全力的挑選禮物，不免想像起他要怎麼交給對方。

不過，送禮並不是我們人類才有的行爲。

其實，昆蟲也會送禮給女朋友。

黑端林蠍蛉這種昆蟲，長得很像大型蚊子，但是牠的分類屬於蠍蛉目，所以與蚊子是不同的昆蟲。牠是肉食性，捕食蚜蟲或蒼蠅等昆蟲，不會像蚊子一樣吸血。

黑端林蠍蛉捕食獵物時，會用後肢牢牢按住獵物，然後用銳利的口吻刺進獵

1 立春、立夏、立秋、立冬的前一天。

物的身體殺死牠，同時注入特殊的酵素，讓獵物體內變成液體，再吸取作爲食物。

有趣的是，雄蠍蛉的狩獵行動有個奇怪的特色，那就是牠對於某個尺寸以下、太小的獵物沒興趣，即使花了一番功夫才捕到，也會毫不猶豫的丟棄。

雄蠍蛉捕到獵物之後，只會試吃三分之一左右，就立刻丟棄。據說那是因爲雌蠍蛉會將牠丟棄的獵物撿來吃，所以雄蠍蛉並不是因爲口味太差，或是不好下嚥才丟棄的。

雄蠍蛉講究獵物的大小，丟棄小獵物，是爲了挑選給雌蠍蛉的禮物。雄蟲爲了準備給雌蟲的禮物，會審慎的盡可能挑選美味、大隻、看起來體面的獵物。

黑端林蠍蛉的雄蟲一旦備好牠滿意的禮物，就會用前肢垂吊在葉片或樹枝上，從靠近腹部前端的袋狀腺體中釋放出費洛蒙，雌蟲受到費洛蒙引誘來到附近，也會和雄蟲一樣，臉對臉的垂掛在樹枝下。

雄蟲見機不可失，立刻把後肢抓住的禮物交給雌蟲，雌蟲抓住獵物將口吻刺入開始吸食，雄蟲則彎曲腹部後端，與雌蟲交配。交配期間，雌蟲依然將口吻刺在獵物中繼續吸食收到的禮物。

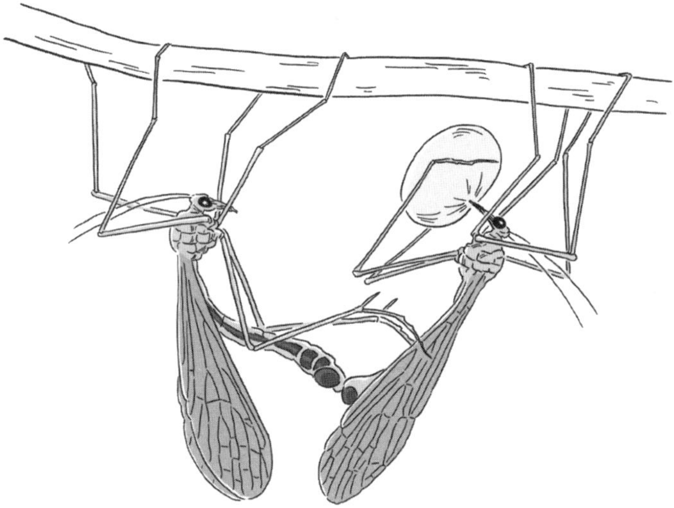

但是，雄蟲並非總是能這麼順利的交配。有時他送的獵物並不合雌蟲口味，或是獵物太小時，雌蟲就會中斷交配自行飛走。

例如，瓢蟲可能很難吃，雌蟲就算接受了也不允許交配。可憐的雄蟲……不知爲什麼我總會把自己投射在黑端林蠍蛉身上。

黑端林蠍蛉的交配時間算是比較長，平均有二十三分鐘，但渡過甜蜜時光之後，兩蟲之間卻陷入烏雲密布的氣氛中。

原因是兩蟲都主張剛才那份禮物的所有權。

雄蟲想搶回雌蟲手上的禮物，

雌蟲當然不會放過好不容易才得到的禮物。

但是，這場爭奪戰通常是以雄蟲獲勝結束（我好像鬆了口氣）。而雄蟲使勁從雌蟲手上搶回的大獵物，會回收利用作爲引誘其他雌蟲的禮物。

雄蟲冒著生命危險，才能捕捉到大獵物，爲了盡可能不要冒太多次危險，與多隻雌蟲交配，雄蟲才會從雌蟲手上搶回禮物，回收再利用。

其中，有些雄蟲更聰明，牠會在交配中從伴侶那裡偷走獵物，或是假扮成雌蟲，從其他雄蟲那裡接過禮物時立刻溜之大吉。

雌蟲會挑選獵物的大小和味道好壞，雄蟲會把送出去的禮物再搶回來，兩方的行爲都相當聰明，可以說旗鼓相當。

昆蟲世界的男女關係也相當複雜。

所有的雄性都是食品

我爲了研究調查，有幾次長年生活在國外的經驗，最辛苦的還是語言。

在美國德州大學擔任研究員的時代，必須向學生們講課，但我的英文眞的不太流利，所以經常用一句「No question」，不接受學生提問，才撐過整堂課。我還記得學生們總是苦笑著上完我的課。

英文這麼爛，但我還是在美國待了兩年以上，所以就算語言不通，但我保證船到橋頭自然直。

因爲這個緣故，即使外國語說得不好，我也不特別在意。但是外國語不僅僅是英文，有些人是法語和德語的雙語天才，甚至多語天才，所以我想，學會說各國語言，一定相當方便。

不只是人類，在昆蟲的世界，也有多種訊息傳達的能力，十分方便。

產於北美洲的雜色螢火蟲（*Photuris versicolor*）和其他多種螢火蟲一樣，雄蟲一邊飛一邊散放特有的光，向雌蟲射出「愛的訊息」。相對的，雌蟲也會以此種螢特有的光回應。

於是兩者被彼此的光芒吸引接近、交配。雌蟲藉由交配讓自己的卵受精，得到雄蟲的精子之後，就再也不理會同種的雄蟲了。

不過，接下來，牠們會發揮眞本事，展現特殊的訊息傳達能力。與同種雄螢交配結束後，雌螢若發現其他種雄螢發出「愛的訊息」光線，也會以其他種雌螢的回應方式向雄螢發光回應。總之，其他種雄螢向同種雌螢發出呼喚的光時，這種雜色螢火蟲的雌蟲會以該種雌螢的發光方式回應。

他種雄螢發現雌螢回應自己的求愛，滿心歡喜的接近雌螢，但是仔細一看，「咦？怎麼長得跟我不太一樣，不過既然她說喜歡我，那國際通婚好像也不錯。」似乎一點也不緊張。

不料雌螢趁此空檔，突然襲擊雄螢。雄螢的身體被雌螢的腳牢牢壓住，完全無法動彈，一時還搞不清到底發生了什麼事。

然而，雌螢對雄螢毫無半點憐憫之意，反而用大顎一口把雄螢咬成碎片，當成食物吃下肚。

像這種雌蟲懂得他種雄蟲發出的閃光訊息，通曉他種雄蟲說的「外語」，進而用對方的光語回應，顯示牠理解別種語言。

雜色螢火蟲的雌蟲據說能懂四國外語，只是並非完全懂就是了。**有能力的女人會隱藏鋒芒，雄蟲遇到操四國語言的雌蟲**，也只有被吃掉的命運了……角力關係顯而易見。

作家村上龍有一本書叫做《所有的男人都是消耗品》，但對這種雌螢火蟲來說，可能「所有的男人都是食品」吧。

生物的世界也是「外國的月亮」比較圓

人們常說「外國的月亮比較圓」，因爲人類就是忍不住把自己和他人做比較。

最近，由於電腦、智慧型手機的普及，大家可以輕而易舉在臉書或部落格發表個人的活動，看到朋友愉快的照片，不少人因而心情低落的想：「和朋友比起來，自己的生活多麼單調乏味啊。」

從前的我看到朋友帶著女友散步，心中滿懷嫉妒，即使如此，高中時代我一心一意的用功求學，心想：「只要我當上了醫生，就會得到女性的青睞」，然而考上醫學院之後，還是沒有女人緣，沮喪打擊後也看開了，加入柔道部，在男人的汗臭中渡過青春時代。

不過，不只是人類，**我們發現鳥類目睹別人的祕密時，也會出現心情搖擺的情形。**

有人對日本產的鵪鶉做了以下的實驗。首先，準備一個長六十一公分，寬一百二十二公分，高三十公分的長方形箱子。前方和頂部改成透明玻璃，其他部分用三夾板組成。

箱子裡再用玻璃板隔成三間，左右兩側各放入一隻雄鵪鶉，中間則放一隻雌鵪鶉。

總之，雌鵪鶉可以同時看到比較兩側的雄鵪鶉，選擇牠喜歡的一邊。雌鳥喜歡哪一側的雄鳥，可以從牠靠在哪一側比較久來推測。

於是我們發現，雌鳥並不會對兩側的雄鳥都沒興趣，一定會喜歡其中一隻。

接下來，在那隻雌鳥不喜歡的雄鳥房間，放入另一隻雌鳥，雄鳥會向進入房間的雌鳥求偶。鵪鶉的性活動很活躍，雄鳥與雌鳥同居一室，很容易就會感情加溫，最後交配。

這時，放在中央房間的雌鳥對這對鵪鶉的恩愛，全都看在眼裡，中央的雌鳥竟然變心，轉而愛上原本不喜歡的雄鳥。

看到兩鳥相親相愛的身影後，若再次讓中央的雌鳥選擇，她會變得喜歡與其他雌鳥恩愛的雄鳥。

雌鳥看到與其他雌鳥恩愛的雄鳥而受其吸引，乍看起來好像沒有道理，但是其中自有奧妙。

這是因爲雌鳥選擇優秀的雄鳥既花時間也耗精力，所以，爲了節省時間，選擇別人選過的雄鳥比較有效率，雌鳥的行爲到底還是十分合理的。

雌性熱中別人情事，雄性冷淡

那麼，雄鳥遇到這種狀態會有什麼反應？我們做了與剛才相反的實驗來進行研究，將雄鳥放入中央的房間，兩側各放入一隻雌鳥，讓雄鳥選擇喜歡的一側。果然雄鳥對雌鳥有好惡之別，對某一側的雌鳥有興趣。

接著，與上次實驗相反的，在雄鳥喜歡的雌鳥房間放入另一隻雄鳥。這兩隻鳥於是開始求偶和交配。正中央的雄鳥被迫從玻璃窗，看著小倆口親熱相處。但是，**雄鳥看到之後的態度，卻與剛才實驗的雌鳥截然相反**。雄鳥看到自己喜歡的雌鳥與其他雄鳥恩愛，對那隻雌鳥的興趣大減，原本牠喜歡那隻雌鳥，但是看到雌鳥與其他雄鳥交配後，感情也冷淡下來。

進而，即使牠只是看到雌鳥與其他雄鳥在一起，也會對對方冷淡下來。

根據鳥類研究者的報告，雌鳥與兩隻雄鳥交配時，生下的幼鳥大多都是第一隻雄鳥的種。我們不確定鵪鶉是否也一樣，但是**推測雄鳥目擊雌鳥與其他雄鳥交配後，對雌鳥失去興趣，是因爲雌鳥不會生下自己的孩子**。

看到別人恩愛的景象時，雌性會積極進攻，雄性卻會鬧彆扭。在我看來，這一點也顯現出雌性的強韌。

有人緣與沒人緣的差別

日本有一句俗諺：「若要詛咒別人，先挖兩個墓穴。」意思是如果有意傷害別人，最終會反過來傷害自己，詛咒殺害別人，自己也會受到被詛咒報應的命運，所以必須準備好對方和自己的墓穴才行。

佛教的「因果報應」與這句俗諺十分相近，也許日本人在有意無意間，已經把這個詞刻印在腦海裡了吧。

與外國比起來，在日本若有人遺失物品，失物有很高的機率會回到失主手上，另外街道上也少見垃圾滿地，這或許和日本人認爲只要端正自己的行爲，就會回報在自己身上，得到好結果的意識不無關係吧。

所以，在這裡一定要介紹一種懷著這種美好善念的鳥類。

牠叫做圭亞那動冠傘鳥，棲息在南美洲亞馬遜河流域和周圍的熱帶雨林。這種鳥的雌鳥顏色不突出，但雄鳥全身上下長滿了明亮的橘色羽毛，頭頂有冠毛，呈扇形從額頭延伸到鳥喙。

圭亞那動冠傘鳥的求偶行爲有點奇特，首先，十幾隻雄鳥會聚集在密林之中，各自將直徑一公尺左右的地面踏平整地，把它占爲自己的地盤，地盤四周只有高一到二公尺的棲木。

雌鳥來到雄鳥們的聚集地，此時，雄鳥從地盤的棲木飛到地面，將頭頂的冠毛和尾羽完全展開，讓胸部和背部的羽毛倒立，整個身體膨脹起來，開始表現自我，這叫做誇示行爲。

雌鳥在樹上眺望雄鳥的誇示行爲，然後飛落地面，到幾隻雄鳥的地盤拜訪，但牠不會馬上交配，而是在各雄鳥的地盤到處走走，挑選哪一隻雄鳥比較好。剛開始的時候，雌鳥只會側目觀察雄鳥的誇示行爲，然後離去。

這種雄鳥的誇示行爲和雌鳥的地盤巡視會持續好幾天。

雌鳥最終會走到某一隻雄鳥身邊，做出引誘交配的行爲，雄鳥便歡天喜地回應牠，與牠交配。

挑選對象，是上天賜給雌性獨有的特權，雌鳥可以從數十隻雄鳥中，選出自己喜歡的對象。相比之下，雄鳥完全是被動的。如果雌鳥不喜歡自己，就沒有交配的機會，有人緣與沒人緣真有天壤之別。

話雖如此，聚集在地盤上的雄鳥中，有交配機會與無交配機會的差距也很大，受歡迎的雄鳥單獨占有全體30%的交配機會，而不受歡迎，無法交配的雄鳥高達67%。

沒人緣雄鳥的姑息對抗手段

沒人緣的雄鳥並非只會默默的看著受歡迎雄鳥的行動。

沒人緣的雄鳥會衝向彼此看對眼的情侶，或是攻擊即將交配的情侶攻擊，阻礙兩鳥的關係，破壞牠們的好事。

此外，牠們還會趕走停在其他地盤棲木上的雌鳥，或是用鳴聲、拍翅來恐嚇情侶。

有三分之一情投意合的情侶會受到這些沒人緣雄鳥的妨礙行爲，所以對好不容易才看對眼的情侶來說，眞的相當困擾。

至於妨礙生殖的效果，根據研究，遭到妨礙的情侶減少了交配的機會，受害雄鳥眞的虧大了。

而且，**受打擾的雌鳥當中，有幾隻會與妨礙者交配**。尤其是妨礙者鎖定目標在某隻雌鳥身上，每天不厭其煩的妨礙那隻雌鳥和其他雄鳥時，妨礙的效果會升高，妨礙者與該雌鳥也會成功交配。

不過，**這麼做對妨礙者也並非有利，因爲妨礙者也很容易受到其他雄鳥的妨礙，經常被其他雄鳥驅趕或攻擊**。

而且，這種妨礙大多是自己之前妨礙過的雄鳥下的手，據觀察過的妨礙，有七成都是報復的結果。

我想，很難教圭亞那動冠傘鳥懂得因果報應的道理，但是我們不能不認爲衷心祝福別人，似乎是我們人類擁有的獨特能力。

只有我的基因留下來嗎？

所有的生物都會爲了如何留下自己的基因而竭盡全力，不惜賭上性命，「精子競爭」的戰況也十分激烈。

對雌性而言，自己生的孩子，一定保有自己的基因，但是對雄性而言，沒有證據證明雌性生下的是自己的孩子，在動物的世界，如何確實的讓自己的精子進入雌性體內，成了一個重大的問題。

日本虎鳳蝶或蜥蜴的同類，雄性將精液注入雌性體內之後，會在雌性交配孔的入口，塗上類似水泥的液體，這樣雌性就無法再與其他雄性交配。

蜻蜓的種類中，有些雄蜻蜓的性器末端長了倒鉤，會在雌蜻蜓的受精囊中勾出與其他雄蜻蜓的精子，再注入自己的精子。此外，也有些動物在交配之後，雄性寸步不離，以阻止其他雄性的求偶。

雌性也會想方設法，盡力留下自己的孩子，當牠判斷交配的對象不夠優秀時，就會中斷交配，努力讓精子不要進入自己體內。

從這種現象看，動物世界顯得很愚蠢，但是牠們爲了「留下後代」運用了所有的智慧，但是人類是具有理性的高等生物，和動物不同，人類認爲自己並不是只爲留下後代而存在。

確實，人類在自己建立的文明社會中，淡化了自己野生的性格，體力上也成爲較軟弱，必須和伙伴同心協力才能生存下去的生物，所以，人類對維持和伙伴的人際關係的中樞功能特別發達。

但是，這個中樞只要受到原始的刺激，就會失去功能。

例如，我們知道當男人面前出現裸體女人時，大腦就會下達指令，讓傳宗接代優先人際關係。

美國普林斯頓大學的研究小組給男性觀看魅力女子的裸照，研究他大腦功能的變化。結果發現把對象當成「物」來理解的中樞開始活化，而維持人際關係圓滑的中樞功能卻急劇下降。

平常，我們的大腦會從別人的表情中判斷他的想法，無意識中控制自己的言行，試圖維持人際關係。但是，一旦看到美麗女子的裸照時，男性沉睡的野性大腦立刻覺醒，不再重視人際關係，而轉變爲想盡力傳宗接代的念頭。

偶爾聚餐時，有的男人對坐在眼前的女性產生好感，即使對方說「我有交往對象了」也仍然不想放棄，一味糾纏下去，大概就是這種心態吧。

人類自認爲大腦聰明，而且理性，但是在行爲上，尤其是男性，與其他動物的差別也只是一紙之隔。

藝術是為了討人歡心而存在？

說到男人讓女性心儀的條件，以前有所謂的「三高」，也就是「身高高」「收入高」和「學歷高」。

我有三個孩子，長女和次女不知是不是見我以寄生蟲、感染症這種怪異研究爲生，便視之爲反面教材，自己默默的立志走向醫學之路，考取醫師執照，結婚後一面工作一面教子，努力經營家庭。

但是對於兒子，我在教育上有所要求，自他年幼，便時時刻刻把「你是藤田家的長子，必須成爲一個了不起的醫生」掛在嘴上，他也乖巧的順從，在學業上努力用功，在學校向來是成績優秀的模範生，所以我也放心了。

沒想到某一天，他突然造反了。

「我再也不想照著爸媽的話去做了，讓我過自己想過的生活！」然後把房門一關，再也不出來了。

我勃然大怒，甚至威脅的說出要與他斷絕父子關係，但是他的意志堅定，從那時起，父子沒有再說過話。

後來，我得知兒子向音樂大學提出入學申請，我也不想理他，決定隨便他愛怎麼做就怎麼做。

他愛好音樂，從小學時開始就學習古典鋼琴，我對藝術可以說一竅不通，但是他卻擁有這方面的天賦。

到了現在，我終於了解兒子造反的理由，我們不能用父母的希望或期待，決定孩子的人生，他的生活是由他自己決定。現在我對他的作爲從不開口干涉，而是遠遠的守護。

兒子從音樂大學畢業後，當起了鋼琴老師，當然，只靠這個工作，生活並不容易，所以他還找了其他臨時雇員的工作，十分忙碌。不過收入少，並不穩定。

前面提到受女人青睞的「三高」條件，他只具備「身高高」，所以做父母的自然很擔心：「會不會世上的女性都看不上他？」

但是，最近我才發現這只是杞人憂天，我從年輕的時候就不受女性歡迎，不知爲何兒子卻相當有女人緣。

我羨慕的看著兒子，納悶的想：「眞奇怪，我畢業於國立大學醫學院，還在美國的大學任教，年紀輕輕就當上教授，怎麼看都應該都是走在最吃香的王道上吧……」

畢竟他是我兒子，再怎麼樣也說不上英俊吧。

於是，我問兒子吃香的祕訣在哪裡。他得意洋洋的宣稱：「**藝術的存在是爲了培養愛**」，我雖然暗暗生氣，但是立刻決定從生物學的角度來檢驗一番。

「藝術才華」與「性」的關係

於是，我在調查動物的藝術求偶時，注意到一種類似澳洲極樂鳥的園丁鳥。

這種鳥正如它的名字「園丁鳥」，會建造出長達一公尺、如同隧道的結構，稱之爲bower（涼亭）。

而且，牠還把撿拾的苔蘚、玻璃碎片、樹枝或葉片，花瓣、蝸牛殼、碎紙、鳥羽等各種各樣的東西，裝飾在周圍的庭院裡，不過美感的水準各鳥有別。

每隻園丁鳥各自發揮藝術的天分，然後在自製的隧道另一側跳舞、鳴唱，想盡辦法吸引雌鳥。

當牠的辛苦得到回報，**與雌鳥完成交配之後，雌鳥會另覓地點建造繁殖用**的簡單巢窩，所以涼亭是專門爲了求偶

而製造的，可以說是園丁鳥最完美的藝術作品。

此外，園丁鳥的近親緞藍園丁鳥最喜愛藍色的東西，會大量收集起來，裝飾在涼亭周圍。而且，牠會吃下水果，吐出藍色的液體，用它塗在涼亭的牆壁內側。

進化心理學家傑弗里・米勒（Geoffrey F. Miller）在著作《求偶心理》（The Mating Mind）中寫道：「如果我們爲《美術論壇》雜誌採訪到緞園丁鳥雄鳥的話，牠們一定會這麼回答。」

「色彩與形狀，我想駕馭色彩與形狀是為了它們本身，以此來表現自我。這種移動很難用語言來解釋。我忘了是從什麼時候開始感受到一股狂野的渴望，想把色彩豐富而飽和的視野，封鎖在明亮而極簡主義的舞台設定中。但投身在這股熱情中時，我感覺自己與超越自我的某種精神合而為一了。」

（中略）

「雌鳥們時不時會來我的藝廊，欣賞我的作品，並非愉快的偶然，但是如果有人說，我是為了與她們做愛才創作這些作品的話，對我而言是個侮辱吧。我們現在都已經是佛洛伊德之後的後現代主義時代，若是用些粗魯的性愛式後設小說來解釋藝術的衝動，大概沒有人會想聽了吧。」

園丁鳥在這次訪談中說的話，我一個字也聽不懂，果然我還是沒有藝術品味吧。

若是如此，我就會從性淘汰中，立刻被踢出生存競爭了。不禁覺得能生而爲人，眞是太好了。

性淘汰下的贏家與輸家

好了，回到正題。

藝術品味與異性緣之間有關連性嗎？

山繆．塞吉是倫敦大學學院（University College London）教授，也是腦科學家，他在著作《藝術與腦科學的對話》（Balthus Ou La Quete de L'Essentiel）中敘述道：

「科學家最終一定能透過大腦生理學來說明藝術作品，（中略）大腦會透過接收不斷變化的訊息，試圖捕捉對象或表面在本質上不變的特性。藝術家的工作其實就是這個策略的延伸。」

總之，有些本質的事物即使是從遠古到現代激烈的環境變化中也永遠不變，而生物具有這種掌握對象本質的能力。

如同前面所述，生命的本質是「傳宗接代」，到了二十世紀的進化學，也許應該改稱為「留下基因」。作為追求這種本質的手段，藝術算是合理的表現方法之一吧。

此外，心理學家迪恩．西蒙頓（Dean Keith Simonton）發現，創造的能力與生產的活力之間，有著強烈的相關性。

依據西蒙頓的數據，**卓越出衆的作曲家創作特別出色曲子的比率，並沒有比普通優秀的作曲家高，只不過他們作曲量特別龐大罷了**。

因為一直維持高產量，所以也能產生優質的作品。

生產力越高、越活潑的個體，魅力越大。

看起來，藝術與吃香的法則有著無法切割的關係。

我兒子絕不是什麼優秀的音樂家，但是，他比我吃香卻是不爭的事實，從性淘汰來看，雖然不太甘心，但可以說，我是輸家而他是贏家了。

寧可減壽也要受歡迎

我以前寫過一本書《健康從下半身開始》，提出「吃香的男性會穿紅內褲」的主張。

這次，我想要更深入的解說，雄性與雌性圍繞著紅色的神奇世界。

小時候，我住在日本三重縣的鄉下，家裡養了兩、三頭山羊、三十多隻雞，還有十多頭兔子。這些動物當然是養來食用，不是玩賞的寵物。養雞主要是爲了取蛋，和偶爾吃肉用，其中有五隻公雞，其他都是母雞。

自古我們就知道，雞的社會中有排行制度，仔細觀察雞的生活會發現，母雞只和強勢高階的公雞交配，低階的公雞若想接近母雞，母雞會落荒而逃，接著牠會遭到高階公雞猛烈踢打或衝撞。低階公雞只好放棄交配，走投無路的背影，飄蕩著虛弱的哀愁。

雞的身上有皺襞，頭頂叫「雞冠」，下巴叫「肉髯」，這是皮膚發達形成的微血管組織，也是雞特有的裝飾器官。

有些科學家研究雞的雞冠大小，以及紅色如何形成，他們是北里大學武藤顯一郎的研究團隊。

他們發現，公雞的男性荷爾蒙較多時，微血管會變粗，增加血流量，雞冠和肉髯也會變大變得鮮紅。如果將公雞去勢，雞冠和肉髯會停止生長，雞的臉看起來也比較小。

此外，在雞的社會中排名第一位的公雞會把頭左右上下的擺動，反覆做出將食物撿起丟下的動作，告訴母雞牠發現了美味的食物，來引誘母親，這種視覺性的誇示行爲，叫做「tidbitting」。

公雞在tidbitting的時候，肉髯會劇烈的拍打自己的臉和頭，看起來有些滑稽，可是那個動作有如揮動紅旗一般，在引誘母雞上頗具效果。

男性荷爾蒙睪酮素，據說有弱化免疫功能的作用，雞冠和肉髯越大，睪酮素的分泌量也越大，在健康上會造成負擔。

但是，雞冠和肉髯變大可以吸引到母雞的話，公雞寧可冒著免疫力低落，也要分泌睪酮素，好受異性歡迎。

也就是說，從這裡可以看到雄性不惜減壽，也拚命想受異性青睞。

動物的世界裡，男性也是一樣不辭勞苦的吸引女性注意。

「我也想成爲擁有藝術品味，血色健康的肌肉，足以誇示強壯的雄性」——也許不只是人類，所有的生物都懷抱著這個可悲又誠摯的心願。

為什麼男人永遠不了解女人心

我從在醫學院念書時開始，就對傳染病產生興趣，所以讀研究所時，選擇了東大的傳染病研究所就讀。傳染病研究所中除了醫學院的畢業生外，也有不少獸醫系的畢業生，其中一位是我的好友神谷君。

他後來成爲北海道大學獸醫系的教授，而我因爲參與北海道大學和帶廣畜產大學的共同研究，所以與神谷君見過好幾次面。拜訪時，我一定會去參觀該校的馬廄，因爲在大型動物中，我最喜歡的就是馬。

馬是一種美麗、聰明的動物，牠們踏出長腳，馬鬃隨風飄動，氣宇軒昂的行走姿態，宛如優雅的貴公子或貴婦，連續去馬廄幾天，牠們還會朝我走過來，似乎已經記得我了。

馬夫將公馬帶到母馬面前，有的母馬會生氣暴怒，有的母馬則對公馬表現出興趣。這種將公馬與母馬靠近檢查發情期，稱爲「試情檢查」。

通常成熟的母馬會在四月到九月之間，約以三星期爲間隔反覆發情排卵。母馬的態度會隨著牠是否進入發情期（排卵時期）而改變。如果看到公馬便興奮，揚起馬尾，或是採取排尿姿勢的話，就是進入發情期，反之，如果牠激動的踢牆、發怒的話，就是非發情期。

至於人類的女性，雖然沒有發情期這種生理現象，但是女人的心情確實會因

爲荷爾蒙而產生種種變化。因此，男人也必須了解，女性在不同時期會出現身體或心理上的變化。

人類的女性每個約二十八天的月經周期裡，會經歷「月經期」、「卵泡期」、「排卵期」、「黃體期」等四個時期。這四個時間，是由雌激素（卵泡荷爾蒙）與黃體素（黃體荷爾蒙）兩種女性荷爾蒙分泌量的增減而形成的。

◎月經期：容易疲倦、心情低落，提不起勁。
◎卵泡期：身體舒暢，開朗積極。
◎排卵期：情緒穩定，但健康狀況稍稍走低。
◎黃體期：因爲水腫和便祕，情緒變得不安定。

由此可知，女性荷爾蒙的分泌量會造成身心的變化。

相對而言，男性荷爾蒙睪酮素的分泌，幾乎都保持一定的量，所以心情和身體狀況不會像女性一樣受到周期的影響，因此男性很難理解女性的辛苦。

有關女性荷爾蒙的驚人研究

世人針對女性生理變化做了很多研究，關注度似乎相當高。

例如，加州大學洛杉磯分校的心理學準教授馬蒂・韓塞頓（Martie G.Haselton）的研究發現，女性接近排卵期時，會影響到人際關係，因而有特別注意裝扮自己的傾向。

女性受孕能力提高時，聲音會變高，在意自己的外表，說起話來更有女人味，到了排卵期時，對男性夥伴的嫉妒心會比平常更重。

另外，澳洲新南威爾斯大學的心理學家哈洛德・史塔尼斯羅（Harold Stanislaw）調查了一千零六十六名女性的月經周期，共二萬二千六百三十五個循環，從中取得基礎體溫變化與性欲程度的數據。

結果發現女性月經結束的十二到十四天，也就是排卵前三天，性欲最爲高漲。

其他像是新墨西哥大學多位研究者的論文提到，脫衣舞女郎在排卵期能拿到更多的小費，排卵期以外的時間，小費金額降低，在最不可能懷孕的月經期，小費金額則有更低的傾向。

這份研究獲得了二〇〇八年搞笑諾貝爾經濟學獎。

此外，美國邁阿密大學的黛博拉．利伯曼（Debra Lieberman）教授率領的研究小組，以四十八名育齡婦女爲對象，調查她們手機的通聯記錄，記錄收費期間與父親或母親通話的日期與長度。

結果發現，女性到排卵期時，打電話給父親的次數和長度會比平常減少，父親打來的電話，她們也有盡快掛斷的傾向。整體來說，排卵期女性與父親通電話的次數與長度，約爲生理期時的一半。但是，與母親通話的次數與長度卻有不減反增的傾向。

研究小組做出的結論是，女性天生具備防止近親交配的機制，以免面臨產下不健康孩子的風險。

這些結果顯示，女性荷爾蒙不可否認的大大影響了女性的行爲和心理，也就是說，如果男性能深刻了解這一點，也許就能與女性維持良好關係，或者提高受歡迎的機率。

現在不禁感到後悔，如果在醫學院念書的時候，不要只待在馬廄看著馬發呆，如果能早點從母馬的行爲得到領悟，把它運用在女性關係上的話，也許我的青春時光就能過得更加多彩多姿了吧。

成功者都是「低睪酮體質」

我們現在已經知道，周期性分泌的性荷爾蒙量，大大影響了女性是否接受男人。

前面提過女性的荷爾蒙分泌量起伏劇烈，相比之下，男性睪酮素的分泌量幾乎維持一定，不過，男性也會因爲年齡、生活習慣等環境因素，而產生分泌增減與性質變化的現象。

男性的睪酮素主要是從睪丸分泌，主要作用是男性性器官的發育，和功能的維持。性器官的成熟、體毛、恥毛、鬍子的出現、變聲、夢遺、性欲的升高、肌肉骨骼的成長等青春期表現的男性化（二次性徵），都是因爲這段時期血液中的睪酮素急速增加而產生，所以男性的特徵藉由睪酮素而強烈表現出來。

此外，睪酮素也有男性化的加乘作用，給予男性「提高空間認知力」、「提高集中力」、「變勇敢」、「有行動力」等在駕駛交通工具和完成冒險、研究時不可缺少的能力。

但是，另一方面，它也會產生負面因子，像是暴力或衝動、降低邏輯思考力、語言表達能力低落、集中力過高而疏漏細部、對他人缺乏同理心等。從女性的角度，**她們覺得「男性令人搖頭」**好像大多是睪酮素作用而產生的特性。

那麼，睪酮素分泌多少才適當呢？

根據喬治亞州立大學心理學系教授詹姆斯·M·達布斯（James M. Dabbs）的數據說明，男性睪酮素較低者，集中力、領導力都較爲恰當。所謂的「社會成功者」**絕大多數都是「低睪酮素的男性」，詹姆斯說，睪酮素數值低的恰當男性，才是一般所說具有男人味的男性**。

換句話說，睪酮素分泌量較多，並非男人味的展現。

說起來，我有個男性朋友在某大學擔任準教授，他就是個令人感覺睪酮素值較低的人。

他個子矮小，看起來弱不禁風，性格穩定沉靜，以冷靜的領導力見長，人情味濃厚，不論男女都喜歡他。而且在工作上認眞踏實，受到學生和校方的信任。

他原本有個家庭，與妻兒相處多年，但是彼此之間出現了距離，最後決定離婚。最近，他與從前教過的女學生再婚了，年紀相差二十歲，我見到他時總是揶揄他「娶到嫩妻，令人羨慕哦。」

可是有一天他卻突然透露了一個祕密。

「其實，除了太太之外，我還有另一個女友。」

他帶著色瞇瞇的眼神，得意的說：「和現在的太太結婚，全是一股衝動。因爲我想過了這個村，就沒那個店了。可是沒想到又會認識另一個女人。」

我想他才剛新婚，可能心情較浮動吧，但也對他那個新女友充滿了好奇。也許可以證明分泌低睪酮素會受歡迎，所以開始認眞的聽他娓娓道來。

男性受高跟鞋吸引的生物性理由

不過，她似乎與我想像中的樣貌不太一樣。我這個朋友不論長相或內在都很樸素，而她是個活潑，而且有點喜歡排場的女子，平時總是一身俐落的套裝，足蹬十公分高的高跟鞋，行事颯爽幹練。面對他時表達意見從不畏縮，充滿魅力的神采，令他一見傾心。

此外，那女子與他交往的同時，自己還買下了房子，放言道：「我不想依賴男人生活。」於是我這朋友對此女著迷不已，不時妄想著想要劈腿，忘了自己才剛新婚。

聽完他的話，我呆若木雞，立刻領悟到這位新女友與嫩妻的不同之處。他在女友身上發現了樸素嫩妻所缺少的魅力。

關鍵就在「高跟鞋」。

女性穿著高跟鞋的模樣，類似一種稱爲「脊柱前彎」（lordosis）**的體位**。這種脊柱前彎的體位經常會在老鼠、狗、貓等哺乳動物的雌性發情期時觀察得到，雌性將臀部往後突出，脊椎下部呈弓形翹起。

有學者主張，脊柱前彎在人類的男女之間，具有重要的意義。

加拿大協和大學（Concordia University）的加德．薩德（Gad Saad）表示，

「女性翹起臀部的姿勢，在男性眼中充滿魅力。是因爲這和雌性哺乳類動物接受性行爲時脊柱前彎的姿勢相似。」

女性穿高跟鞋的姿態，就和脊柱前彎的體位完全相同，鞋跟高度令臀部翹起，腰部呈拱狀，所以，穿高跟鞋的女性看起來很性感，而穿鞋者也會覺得自己有魅力。

這讓我想起一個很久以前的故事，瑪麗蓮．夢露在電影《七年之癢》中有個經典的鏡頭，夢露站在地下鐵的通風口上，臀部向後翹起，試圖壓住被風掀起的裙擺。這正是所謂的「脊柱前彎」體位，難怪全世界男人都爲之瘋狂。

朋友的故事豈只是「七年之癢」，似乎會衍生成外人難插手的大風波了。

男人這種動物只因一雙高跟鞋就撩起劈腿的想望，世上的女性同胞若因此覺得男性令人搖頭，也是莫可奈何的事了。

扮鬼臉才是有人緣

我在三重縣的鄉下度過童年時光，時時都在許多動物圍繞下一起生活，小的從昆蟲算起，大的動物有牛、馬等。

當時我所住的明星村（現在的明和町）裡，大多數村民都經營農業，牛和馬都是農務上重要的助手。

大概是因爲牛馬經常在附近，所以年幼的我一點也不覺得害怕，動物也不曾攻擊過我，記憶中我們相處得很融洽。

有一天，我如常到附近農家去玩，湊巧看到馬在小便。最令我驚奇的是，隔壁的馬露出非常奇怪的表情。

牠的嘴唇向上翻起，那表情似乎在笑，好像在說「哎喲，隔壁的隨地小便。」我當時想，馬也和人一樣有靈性耶。

學習醫學後我才明白，這叫做「裂唇嗅反應」，**是動物嗅聞到費洛蒙物質時的樣子**。

除了人類和部分猴子，視覺不發達的動物會使用氣味或費洛蒙等化學通信（Chemical communication），**作爲傳遞訊息的重要方法**。費洛蒙的定義是「由某個個體分泌，同種其他個體吸收後，引起吸收個體特定行爲或內分泌變化的物質」。

舉例來說，雌的蠶蛾發出的費洛蒙叫做bombykol（雌蠶蛾性費洛蒙），具有引誘雄蛾的功能。此外，公豬的唾液裡所含的費洛蒙「雄甾烯酮」，會在母豬發情狀態下引發牠的交尾姿勢。

此外，關於剛才所述的「脊柱前彎」體位，東京大學研究所東原和成教授的研究小組發表報告指出，從白老鼠的實驗中，雄鼠散發的費洛蒙會誘發這種體位。

總而言之，一般認為費洛蒙負起了生物個體間的資訊傳達功能，誘導接受個體的行為或者內分泌系統的變化。

花花公子米克．傑格一生享盡豔福的原因

除了馬之外，其他許多種哺乳類也會出現裂唇嗅反應，動物露出怪表情，是為了將鋤鼻器（又稱傑克生器官）曝露出來，這個器官是吸收費洛蒙的嗅覺器官，咧開嘴可以吸取到更多氣味物質。

人類的鋤鼻器已經退化，所以一般認為我們無法用費洛蒙傳達訊息，不過，儘管身體的功能退化，我們還是隱約能看到它的痕跡。

那就是**人類做出裂唇嗅反應的表情時，看起來很性感**。想必有人會說：「性感？那不是扮鬼臉嗎？我家養的貓聞到我老公襪子的臭味，也會做出怪表情耶」

沒關係，請慢慢聽我道來。

例如，在我年輕時代風靡全球的貓王普里斯萊，他成爲巨星的祕訣，不只是因爲歌唱得好，還有性感惹火的動作。他的厚唇一歪，抖動腰部，用低沉的嗓音唱歌的姿態，奪走了當時年輕少女的心，很多女生甚至一見到他就昏倒。

另一位魅力歌手是已年過七十，仍然活躍歌壇的搖滾歌手。

他就是滾石樂團的米克．傑格。

他的香腸嘴極爲有名，甚至是滾石樂團的標誌。

二〇一三年，他的傳記《米克傑格的狂野生活與瘋狂才華》（Mick: The Wild Life and Mad Genius of Jagger）出版時，美術家橫尾忠則在朝日新聞投稿的書評中，絕妙的形容了他性感的魅力。

> 「雙性戀的米克一面晃動著雙手，走著猥褻的夢露步伐，引導聽眾進入一場性愛秀，他自己則化身爲性的傳教士。與他共享歡悅的長腿美女們把他視爲卡薩諾瓦或唐璜，而他的性生活不分性別、人種，已經到達超級性豪的領域。儘管有孩子，但完全無視婚姻的形態。本書的版面全被SEX勞工精力男米克的性愛經歷

給填滿了。」

（中略）

「他在舞台上扭腰擺臀，噘起大大的嘴唇，像嘔吐般歌唱時，觀眾們完全著了他享樂主義的魔法，不知不覺成了性的共犯。」

只是，我也分不清楚，扮鬼臉與吸取異性費洛蒙的裂唇嗅反應差別在哪裡，最麻煩的就是，很難說任何人做出具性魅力的表情都能受到女性歡迎。

不過，我偷偷的想，總有一天我要在鏡子前面練習一下翻唇或歪唇的動作吧。

想生強壯的孩子，不可缺少好男人

全世界正面臨許多生物滅絕的危機。

棲息在北非等地的翎頜鴇，因爲鷹獵和盜獵的關係，被列入瀕臨滅絕動物，研究鳥類繁殖計畫的學者，天天都在加緊努力，希望能提高牠的繁殖率。

其中，法國國立科學研究中心生態研究所的亞德蘭・羅蕹（Adeline Loyau）與阿拉伯聯合大公國位於摩洛哥的野生生物繁殖中心的菲德列克・拉克瓦（Frédéric Lacroix）率領的研究小組，發表了有趣的實驗調查結果。

他們發現翎頜鴇雄鳥向雌鳥求偶時，會採取後仰身體，露出脖子的白色羽色，同時繞著圈圈走的誇示行爲。健康而且雌性覺得有魅力的雄鳥，能夠繞行很長的時間，而且很少休息。

實驗是讓九十隻翎頜鴇雌鳥看見雄鳥後進行人工授精，所有的雌鳥分成三批，第一批三十隻看的是健康雄鳥的誇示行爲，第二批看的是健康狀況不佳的雄鳥誇示行爲，最後的三十隻看到的是不做誇示行爲的雄鳥。

然後他們發現雌鳥看過健康雄鳥求偶所生下的蛋，比起看到不健康、無魅力雄鳥後所生下的蛋，在有助成長的睪酮素含量上多了兩倍。

進而，受到雄鳥求偶刺激而生下的蛋，孵化出雛鳥的量也比其他兩批雌鳥多。

同在法國國立科學研究中心的生物學家德克．修梅拉（Dirk Schmeller）認爲「在繁殖中心，大多時候都是將雌鳥與雄鳥分開飼養，彼此看不到對方，從這件事我們知道，雄鳥與雌鳥看見彼此，有可能提高雛鳥的體質。這種雛鳥回到野地的話，存活下去的可能性，應該比舊方法繁殖的雛鳥提高很多。」

也就是說，翎頜鴇的雌鳥因爲有了魅力雄鳥在身邊，而能產下更優質的蛋，對一向看扁雄性，認爲「雄性令人搖頭」的雌性來說，還是少不了有魅力的雄性存在。

吃香男人的末路——吃香到底是賺到還是吃虧

有關翎頷鴇還有另一個有趣的研究報告。

結果發現，**花費時間精心表現求偶誇示行爲的雄鳥，比起沒這麼做的雄鳥，較早出現精子品質降低的老化現象**。

翎頷鴇的雄鳥爲了吸引雌鳥，會長時間進行誇示行爲，最多者一年中長達半年。前面已敘述過，牠們繞的圈數多，休息的次數、時間少，所以健康有魅力，被雌鳥選中的可能性較高。

法國勃艮第大學的進化生物學家加布利耶・索爾希（Gabriele Sorci）觀察摩洛哥人工繁殖設施的一千七百多隻翎頷鴇約十年時間。

研究小組計算雄鳥進行誇示行爲的日數和時間長度，製作成顯示每隻雄鳥一生中每一年「性誇示活動」程度的指標，並且讓雄鳥每天與僞雌鳥交配抽取精液，調查精子數和精子的運動率。

結果發現，**年輕時積極進行誇示行動的雄鳥，年紀大後明顯精液量減少，死亡精子或異常精子增加**。**此外，年輕時越是積極誇示行動的雄鳥，年老後也不會停止求偶秀**。

勃艮第大學的另一位教授布萊恩・普列斯通（Brian T. Preston）敘述：「牠

們也許是鳥版的周末想在酒吧或夜店引人注目的男人。」

爲了向雌鳥誇示而減壽，結果卻枯竭了，但是即使枯竭，牠們也不停止求偶活動……

當我知道翎頷鵏的這項研究之後，不禁覺得可悲，也許這就是男性這種生物的宿命吧。

「不懂得照鏡子的男人」與「客觀實在的女人」

前面我們介紹的主要是動物、昆蟲當中雌雄的滑稽互動。

最後，我想來談談人類的「擇偶法」。

美國杜克大學的行動經濟學者丹．艾瑞利（Dan Ariely）教授曾就「人類如何應對長相上的不利？」

地點是「速成約會」式的派對，在日本的話通常叫做「相親聯誼」、「配對派對」。

艾瑞利教援在速成約會的活動前，對參加者進行問卷調查，請他們回答，在尋找約會對象時，最重視「容貌」、「智慧」、「幽默感」、「體貼」、「自信」、「社交性」的哪個標準。

然後，在協助實驗者與速成約會的對象交談後，請他們用剛才的標準（容貌、智慧、幽默感、體貼、自信、社交性）來評估先前見過的對象，另外也請他們回答，還想不想與那個對象再見面。

從這些問卷可以知道，協助實驗者對情人要求的特質，與他們會如何評價約會對象的特質，以及近期內還想不想與對象來一次眞正的約會。

結果從這次問卷中知道的是，**人對情人要求的特質是，「有魅力的人對外表極爲堅持，缺乏魅力的人重視外表以外的特質（智慧、幽默感、體貼、自信、社交性）。」**

接下來，他們又分析協助實驗者如何評價對象的特質，以及這個評價是否與想和對方眞正約會有所連結。從這裡也看到了相同的模式，外貌不起眼的人大多會選擇除外表之外有優點的人（例如幽默感），希望能再見面，證明了缺乏外貌魅力的人，會重視外表以外的特質。

艾瑞利教授還使用了「hot or not」網站，來調查男女對魅力的想法差異。這個網站可以上傳、評價別人或自己拍的照片，如果喜歡照片的主人，也可以傳訊息給對方。

從調查的結果證明「男性對於約會對象，不像女性那麼挑剔。」在網站上，男性邀約女性的機率，是女性邀約男性機率的二點四倍。

此外，它也證明了「男性比女性更重視對象的外貌」，也就是說，「**男性比女性更不在意自己的魅力程度**」。而且男性比女性樂觀得多，他們仔細審視「看上眼」的女性，瞄準「高不可攀」、比自己高好幾個層級的對象，這種現象也比女性多很多。

女性會客觀的看待自己，分析自己的魅力度，而且也比較實在，如果對方的外貌比自己差，也願意從對方內在的其他魅力來接納他。

反之，男性不管自己外貌如何，一般會認爲既然機會難得，當然要鎖定美女，只要多試幾次總會命中，雖然很貪心卻不懂得先照照鏡子。

看了這麼多研究可以了解，雌性具有近乎冷酷的理性，雄性則具有近乎魯莽的積極性。

兩方爲了延續生命，都費盡了心思，進行各式各樣的拉鋸戰。

但是，即使從我偏袒男性的角度看起來，在拉距戰當中雌性還是占上風，雄性則毫無勝算。

「男性可悲」在生物的世界中，也許是不可動搖的事實。

而「冷酷女子」與「可悲男子」就在互相拉鋸中延續了生命，過程中，人類大多選擇一夫一妻制，而其他動物大多爲一夫多妻，或是亂婚的形式。

下一章，我們就來討論人類與動物的「選擇」爲什麼不同？結果如何？以及哪一種較爲正確。

第2章

人類選擇「一夫一妻制」的臨界點

「一夫一妻制」誕生了人類？

即使如此，爲什麼我們人類維持了這麼長久的一夫一妻制度呢？它肯定有深刻的理由。

我在想，維持一夫一妻制會不會是我們祖先在進化策略上最好的選擇呢？

哺乳類動物極少採取一夫一妻制度，一夫一妻只占所有哺乳類動物的3到5％而已，其他動物幾乎都是一夫多妻的關係。

相對來說，在人類社會中，大多數家庭都是在一生維持一夫一妻關係的前提上成立，當然，人類並沒有嚴格的施行一夫一妻，有的人外遇，也有人離婚，重婚更是全世界各地皆有。此外，也有部分國家承認一夫多妻。

但是，眞能實踐這種做法的只占少數，加拿的蒙特利奧大學的伯納德．夏佩博士敘述：「選擇採取一夫一妻制是促進種族繁榮，使人類這種最進化的動物出現的原因。」

美國俄亥俄州立肯特大學古人類學家歐文．洛夫喬伊（Owen Lovejoy）提到，七百萬年前，人類從與大型類人猿的共同祖先脫離出來後，我們的祖先發生了以下三種革新性的行爲變化。

⑴**兩腳**行走後，**能夠**用空下來的手運送食物。

⑵採取一夫一妻的**配對**結合（pair bonding）。

⑶**顯示雌性排卵**的外部信號不見了。

這三件革新性行爲同時進行，所以人亞科下又出現了人屬與黑猩猩屬，人亞科比類人猿繁衍得更繁盛。

從一夫多妻**轉變**爲一夫一妻的**配對**結合，是因爲位於人亞科的**雄性**不再與其他雄性**作戰**，**而能把精力灌注**在尋找食物給**雌性**，作爲交配的誘因。

雌性不再選擇好戰鬥的雄性，而是尋找擅長調配食物的雄性爲配偶，不久後，雌性漸漸不需要出現外陰部紅腫等接受性行爲信號，也沒有關係了。

因爲，如果暴露出外陰部紅腫等發情信號的話，當配偶出外覓食期間，就有可能吸引其他的雄性。

比較靈長類雄性與雌性的體型大小，會發現一件有趣的事。雄性比雌性的體型越大，雄性之間爲雌性而競爭的程度也越強。採取一夫多妻制的大猩猩，雄性長大之後體重是雌性的兩倍以上。

另一方面，採取一夫一妻制的長臂猿，雄性與雌性的體型大致相當，以人類來說，比較接近長臂猿，男性的身體最多只比女性大20%而已。

對雄性來說，與許多配偶維持性關係，並不是件輕鬆的事。我認爲眞相是，**爲了減輕一夫多妻的辛苦，我們祖先才建立了一夫一妻的配偶系統**。

人類為什麼選擇一夫一妻之路？

關於一夫一妻的起源，有三個有力的假說。

(1)「雌性零散分布」論

(2)「防止殺子」論

(3)「父親照顧孩子」論

「雌性零散分布」論是指，雌性爲了得到更多有限的食物資源，需要更大的地盤，這導致了一夫一妻的開始。

雌性之間如果彼此拉開距離，雄性就很難找到多位配偶維持長久的關係，這個論點是認爲，雄性與單一的配偶定下來，生活比較輕鬆，所以才開始一夫一妻制。

英國劍橋大學的迪塔．盧卡斯（Dieter Lukas）博士與提姆．克拉特．布洛克（Tim Clutton-Brock）博士的研究報告證明了這個理論。他們統計了二千五百四十五種哺乳類加以解析，最初的時候，哺乳類採一夫多妻但個別行動的動物，在進化歷史中六十一個不同的時期，轉變成一夫一妻制。

依據他們的研究，一夫一妻最多出現在肉食動物與靈長類，且雌性需要蛋白質豐富的肉或成熟果實等營養豐富卻不易找到的食物的話，該物種採取一夫一妻制的傾向比較強。

這些食物必須在廣大的區域到處尋找，才能找得到。

也就是說，如果自己的勢力範圍區域太大，**雌性尋找食物的難度增高，雌性也變得零散，最後漸漸成爲一夫一妻制。**

防止自己子嗣被殺的祕招

第二種「防止殺子」論的學說，我認爲比「雌性零散分布」論更有說服力。這個理論是認爲一夫一妻制始於保護孩子的性命，不受暴力威脅。某個雌性團體內，高位的雄性更替時，新上任的雄性會把沒有血緣的小孩殺掉。因爲殺了孩子之後，母親才會停止哺乳，重新開始排卵，生下高位者雄性的孩子。

靈長類以殺子風險高聞名，由於靈長類的大腦容量大，小孩需要很長的時間成長。這麼長的時間，若是沒有人照料會很麻煩。事實上這段期間，小孩常常會遭到殺害，觀察五十種以上的靈長類的殺子行爲，發現成爲犧牲品的，多數都是尚未斷奶的孩子。

這個理論主張，**雌性不想讓新侵入的雄性殺掉自己的孩子，所以才形成一夫一妻制**。

奶爸產生一夫一妻制的理論

關於一夫一妻制起源的第三個假說，是「**父親照顧孩子**」論。

光靠母親一個人無法獲取糧食以養育小孩，或是照顧孩子的時候，父親就有必要出場協助。

美國聖母大學人類學家李・傑特勒（Lee T. Gettler）博士認爲，父親即使只是抱著孩子移動，都促進了一夫一妻的形成。父親接手抱孩子的話，母親就能自由的尋找食物，母親營養狀態變好，全家人都能過著健康的生活。

南美洲的三條紋夜猴過著小家庭生活，一家只有夫妻與一隻猴寶寶和一到二隻小猴子。母親生產之後，會讓寶寶抱住自己的大腿後移動。

但是，**出生兩星期左右時，幾乎都由父親包下大部分載送寶寶、理毛、玩耍、餵食的工作**。

賓夕法尼亞大學的費南德斯．杜克（Fernandez-Duque）博士調查三條紋夜猴群的DNA，確認了絕大多數三條紋夜猴維持一夫一妻的行爲，是具有遺傳性的，並且發現三條紋夜猴的夫妻關係平均持續七年，與同一個配偶生活的夫妻，繁殖的成功率比較高。

由前述可知，世界各地的學者研究人類一夫一妻之謎，提出了各種學說，但是眞正的原因目前還不明。

但是，從這些事證讓我們發現一個現實，人類建立的現代社會中，一夫一妻制已經走到了盡頭。

現代人的結婚制度成為束縛

「爲什麼人類要採取一夫一妻的形態呢？」這個問題的答案，我認爲在這三種學說中，以「父親照顧孩子」論最爲有力。

人類自出生到長大成人，據統計需要消耗約一千三百萬大卡，爲了獲取家人的糧食，光靠母親的努力是不夠的。

當然，孩子的父親身爲伴侶，從旁協助是必要的。

人類的大腦異常發達，因而必須攝取更多的卡路里，只靠父親的幫助還不夠。

所以，母親會在自己的親戚或其他親近的人當中尋找可以餵孩子吃飯、幫忙照料孩子的人，把孩子託給他。

加州大學戴維斯分校的莎拉・布萊弗・赫迪（Sarah Blaffer Hrdy）博士認爲，「**人類是一種奇妙的生物，生產之後會開心的讓他人抱抱自己的嬰兒，這一點是與類人猿明顯不同之處**。」

事實上，類人猿的世界，除了父母親之外，其他猿猴不會參與育兒，赫迪博士主張，父母之外者參與育兒，即「共同繁殖」社會系統，第一次出現在約二百萬年前，即我們的老祖先直立人時代。

直立人是從人亞科進化而來的人種，成爲人類之後，直立人的大腦和身體快速的比人亞科增大，活動身體需要代謝的能量也增加了40％。其能量的大部分都用於巨大化的大腦。

經歷演變成人類的過程中，直立人的孩子依賴父母的期間變長，因此，爲了供應養育孩子需要的勞力，不只需要父親的力量，也還需要家族、其他親近者的協助。

赫迪博士敘述，總之，**在化石人類和近親種滅絕的過程中，「全族一起養育」是我們人類成功存活下來的方法。**

我們確實可以說，正因爲有了一夫一妻伴侶和全族人的協助，人類才能忍受環境的變化，在嚴酷的時代存活下來。

但是，當近代人追求極端的文明與文化，深深享受這種福分時，一夫一妻的伴侶或全族人的協助，也許已經變得不再需要了。

人類建立了便利的社會，拜此之賜，母親育兒時不太需要花費什麼勞力，即使沒有父親和家族的協助，也能把孩子養大。

我們建立的近代國家創造了極度複雜的社會制度，結婚也成了形式，變成死板的束縛。一旦能輕而易舉獲得周邊的資訊，彼此對婚姻中的配偶就漸漸產生了不滿。

依照現在的形式，一輩子維持一夫一妻的生活，對我們現代人而言已經有些勉強，它衍生出離婚率的增加，從結果而言，我們必然會走上少子化的道路。

我不是在開玩笑，如果現在不改變「一夫一妻制度完美無缺」的想法，採取讓社會認同更自由的新結婚形式，我們恐怕不久後就會走向滅亡了。

少子化問題怎麼解決？問問動物怎麼做吧

日本現今正邁向少子化社會。

日本一年的出生人口，在第一次嬰兒潮時期約二百七十萬人，第二次嬰兒潮時期約二百一十萬人，但是一九八四年跌破一百五十萬人，到了一九九一年以後呈現一路下滑的傾向。

根據總務省統計局的資料，日本總人口從二〇一〇年的一億二八〇六萬人持續減少，到二〇三〇年時預測爲一億一六六二萬人，二〇四八年跌破一億，只剩下九九一三萬人，二〇五〇年預測爲九五〇〇到九七〇〇萬人。

但是，觀察世界人口演進的變遷，從二〇一〇年的六十九億一六〇〇萬人，到二〇三〇時預測爲八十四億二五〇〇萬人，二〇五〇年爲九十七億五一〇〇萬人，相對於日本的人口減少，有大幅增加的趨勢。

即使從人口變遷來看，也可以知道日本面臨的高齡化和少子化問題有多嚴峻。

此外，都市的極度集中化，使得地方城鎮到處看得見人口減少的影響，深山僻壤的管理人員不足，導致環境保護出現問題，高齡化衍生的「限界集落」[2]問題。

根據研究，日本少子化產生的背景主要在於社會環境與結婚意識的變化、育兒成本的增加、推崇高學歷的社會、工作與育兒並行時的負擔增加等，都可算是

2 人口中有一半以上高於65歲，或因人口減少有完全消失之虞的村莊或島嶼。

原因之一。

未來出生的孩子將承受各種各樣沉重的負擔，地方上的孩子減少，使得兒童在成長中少了很多彼此切磋琢磨，培養社會化的機會。少子化以及隨之而來的高齡化，喪失了支撐地區活動的力量，地區文化的傳承也出現困難。

這對經濟的影響也很大，生產年齡人口的減少，無法供應勞力，消費人口的減少使得商品賣不出去，更嚴重的是，因爲勞動世代人口減少與所得減少，使得稅收也減少，行政單位的公共服務變得窒礙難行。

另一方面，高齡化越趨嚴重，年金、醫療、照護等社會保障制度急速擴大，因而使得勞動世代的負擔增加。

從這些預測來看，日本的未來將會陷入非常不穩定的危機狀態。

有什麼祕訣可以讓這種危機不會發生？

我們就來問問動物的做法吧。

也許其中隱藏著比我們更能成功存活的啓示。

「鴛鴦夫妻」其實一點也不「鴛鴦」

感情好的夫妻，因為雌雄「成雙」永遠不分離，所以被稱為「鴛鴦夫妻」。鴛鴦的鴛為雄鳥，鴦為雌鳥，據說可以從牠們的叫聲來分辨。

中國的故事中有「鴛鴦之盟」的說法。

春秋時代，宋國的暴君康王看上家臣韓憑之妻何氏，將她據為側室，韓憑與何氏「願來世再結為夫妻」，相繼自殺。康王大為憤怒，將兩人的遺體分別葬在不同地方，但是兩座墳塚上很快的長出梓樹，枝幹相連。而且，還有一對鴛鴦在樹上築巢，雌雄兩鳥相偎相倚，整天鳴叫。該成語就是從這個美麗的故事誕生的。

通常婚禮致詞時，不管是不是出於真心，都會加上「兩位新人一定能成為鴛鴦夫妻」這樣的美麗詞彙。

但是，**真正的鴛鴦其實並不是恩愛佳偶**。

鴛鴦的恩愛只維持到雌鳥產卵前，等牠開始產卵後，雄鳥就離牠遠去，向其他的雌鳥求偶。話說回來，鴛鴦雄鳥待在雌鳥身邊，只是爲了監視牠，不讓牠劈腿罷了，並不是出於對雌鳥深刻的愛情。

雄鳥妒心重，又會見異思遷，雌鳥一心放在出生的雛鳥上，也不想理會雄鳥。眞正的鴛鴦夫妻是達成了彼此目的，便不再執著於對方，爽快分手，關係短暫而明快。

不過，如果你在別人的婚禮致詞中聽到這句話，也千萬不要站起來，賣弄知識，對新人吐槽說「鴛鴦的和睦恩愛只到孩子出生前」。

不妨在心中爲他們祈福，「萬一將來不和，希望兩人能像鴛鴦一般不要過於堅持，和平收場。」

鸛鳥的三角關係

從前，鸛鳥在日本全國各地繁殖得相當多，但是由於濫捕和棲地環境的惡化，於一九七一年確定在日本絕種，因而被列爲特別天然記念物。

鸛鳥在日本的最後棲息地，是兵庫縣但馬地區的豐岡市，牠不但是兵庫縣的縣鳥，同時，豐岡市也進行了環境整建，經人工飼養後將鸛鳥野放等，現在仍然爲保護、繁殖鸛鳥而努力。

說到鸛鳥，很多人可能都知道「鸛鳥會送來寶寶」的故事。這是當孩子單純的問到「寶寶從哪裡來」的時候，尷尬的父母或老師迫不得已而約定俗成的答案。說到這裡，不禁想到小時候母親對這個問題，給了個類似但意義大相逕庭的答案：「你是我從橋下撿來的。」這句話眞的讓我困惑很久，所以最好別這麼回答。

至於「鸛鳥會送來寶寶」這種說法的由來，似乎是德國的傳說。故事是說，有對夫妻一直膝下無子，有一天他們發現鸛鳥在家裡的煙囪上築了鳥巢，他們不動聲色，而鸛鳥的雛鳥離巢後，那對夫妻也懷孕產子了。德國傳說中，鸛鳥在煙囪築巢的話，那個家裡很快就會產下寶寶，得到幸福。

此外，小寶寶的身上有時會出現蒙古斑之類的痣斑，尤其是嬰兒後頸的紅斑，他們叫做「叼痕」（stork bite，鸛鳥在載送嬰兒時叨住的痕跡），可見鸛鳥

與嬰兒有著深厚的關連。

不過，歐洲或德國所說的鸛鳥，實際上是白鸛，與日本的東方白鸛，在品種上稍微不同。

鸛鳥經常在高的地方，如樹木、屋頂、煙囪或是電線杆上築巢，雄鳥與雌鳥輪流孵蛋育子。

這種行爲好像給人鸛鳥從一而終，一對夫妻對雛鳥疼愛至深的印象，但是和鴛鴦的例子一樣，在現實中並非如此。

第一，鸛鳥的確是雄雌一同孵蛋、育雛，可是這種鳥在交配之前，平時不與他鳥往來，連同居都有困難。性格不合時甚至會將對方啄死。此外，如果巢窩被其他更強大的鳥攻擊，牠們也會棄子逃走。

即使順利的成爲配偶，鸛鳥每四到五年也會更換伴侶一次。以色列動物學中心的專家發表報告說，鸛鳥的雄鳥除了配偶之外，也會與其他雌鳥組成家庭。

日本於二〇一三年也有相同報告，在前述的兵庫縣豐岡市，從春天進入繁殖期時開始，某對鸛鳥夫妻的地盤，一再受到其他雌鳥的侵略，攻擊夫妻中的雌鳥，雄鳥因爲反擊也流血受傷。

但是，等七月上旬雛鳥離巢獨立後，這隻雄鳥卻與入侵的雌鳥到離巢四公里的地方，恩恩愛愛的一起啄食食物。

這隻入侵的雌鳥，前一年春天與其他雄鳥共組家庭，但是某次強風將牠們的巢窩吹掉，伴侶便各自分飛。這隻雄鳥大概同情牠的遭遇，所以才會愛上攻擊自己伴侶的雌鳥。

而且更令人驚訝的是，雄鳥在遠離巢窩處品嘗偷歡樂趣的同時，也會不時回到長年相伴的伴侶身邊一起渡過，三角關係十分完美。

但是，最後雄鳥還是回到原來的配偶處，與雌鳥再次繁殖後代，看來牠也發現不論怎麼樣，回到舊人身邊才是明智之舉。

至於夫妻間有過什麼樣的對話和試煉，不禁令人浮想連翩。

「絆」這個字原本是「障礙」的意思

我們所屬的哺乳類動物，基本上都是一夫多妻，或是亂婚的方式，採取一夫一妻制的生物只占不到10％。至於鳥類，全世界約有九千多種，其中有93％是一夫一妻，不過也像先前提到的鸛鳥一樣，大多有劈腿的情形。

研究鳥類的學者之間，把與配偶外個體進行的交配，稱爲「偶外交配」（extra-pair copulation: EPC），相反的，與成對配偶交配，叫做「偶內交配」（pair copulation: PC）。

據山階鳥類研究所名譽所長山岸哲先生所述，他對七隻黃背鷺雌鳥分別觀察一千小時以上，確認合計共二百三十九次交配。其中一百四十七次（62％）是與配偶之外的對象交配。他們又對九十九隻伯勞鳥進行DNA親子鑑定，發現其中十隻（10％）的父親並不相同。

進而，在一般認爲一夫一妻的麻雀研究方面，有數據顯示雌鳥會主動進行偶外交配。

麻雀雄鳥的尾羽越長，越受歡迎，前一章也提到，這是源自於適存性，也就是身體的裝飾越華麗就越健康、有力。

研究證實與長尾雄鳥匹配的雌鳥不太會偶外交配，但是與短尾雄鳥匹配的雌鳥，越會偶外交配。牠們偶外交配的對象，是長尾的雄鳥。也就是說，與短尾雄鳥匹配的雌鳥會瞞著丈夫，與長尾雄鳥外遇。

此外，歐洲產的藍山雀中，父不詳的幼鳥占全體雛鳥的11％，原因是雄鳥積極的與鄰居妻子發生關係，以及雌鳥外出在其他鳥的地盤劈腿的關係。而且雙方的外遇，大部分都是和附近的鄰居發生的。

雄鳥與多隻雌鳥交配，具有短期間內繁衍後代的利益，但是雌鳥外遇並不能增加生產，又爲什麼要這麼做呢？

說來說去還是與丈夫的「**魅力**」有關係。**受歡迎的雄鳥越容易受到外來雌鳥更頻繁的造訪，發生外遇，而牠的妻子則越沒有興趣外遇。相反的，越是不受歡**

迎的雄鳥妻子，越有興趣與外面的雄鳥外遇。因爲嫁給不出色的丈夫，妻子爲了將更好的基因資質傳給自己的孩子才冒險外遇，算是一種苦肉計。

這個結果又是在沒人緣男人的心理傷口上撒鹽。

夫妻的羈絆情義原來是一場空。

但是，原本「絆」這個字，在日本平安時代讀成hodashi，意思是手銬、腳鐐，束縛自由的用具。

現代，這個字經常引用在人與人之間的連結，有正向肯定的意涵，原本是用來表現家庭、親子、夫妻、朋友等難以割捨的「俗世人際關係」，成爲削弱出家意志的障礙。

在生存艱辛的動物世界，男女關係卻出乎想像的自由。

相反的，我們人類也許用婚姻制度、家庭制度等規範，或是「羈絆」、「節操」等死板的堅持，把自己給束縛住了。

顛覆性器官常識的Neotrogla昆蟲

寶寶生出來的時候，大家第一步會檢查什麼地方？

許多人會先看看嬰兒的生殖器，判斷是男孩還是女孩。

現在超音波檢查十分發達，所以，大多都在產前檢查中就已知道性別，即使如此，父母親還是要在寶寶呱呱墜地後，親眼看見，才能確定他是「男孩」或「女孩」，在腦中想像孩子的未來。

在我們人類的世界，一般會從外表的「有」或「無」，來區分男生或女生，**可是昆蟲的世界裡，有些種類的性器官卻有著相反的功能。**

這種昆蟲叫做Neotrogla，目前沒有中文名字，它是嚙蟲目下的一屬，棲息在巴西的洞穴中。

前一章已提過，園丁鳥會築造漂亮的庭園，雄孔雀有豔麗的尾羽裝飾，是因爲性淘汰在雄性身上強烈運作的關係，一般只有雄性才會進化。尤其雄性插入器是交配時直接接觸雌性，將精子送入的結構，所以有強烈的性淘汰運作，如大家所知，它的形狀五花八門，進化的速度也很快。

相反的，雌性的交配器一般都只有單純的結構。

進行體內受精的生物，雄性都有插入器（陰莖），幾乎沒有例外。

但是Neotrogla這種昆蟲卻顛覆了大家的常識。

二〇一四年四月，北海道大學研究所吉澤和德教授率領的團隊，在《當代生物學》（Current Biology）的期刊上，發表了對這種珍奇昆蟲的研究。

研究小組非常有耐心的觀察了Neotrogla的交配器形態和交配行爲。

結果，Neotrogla與昆蟲一般交配不同，以雌性騎在雄性身上的姿勢交配。雌性擁有陰莖狀的交配器，雌蟲會將它插入雄蟲進行交配。

Neotrogla的交配時間非常長，約爲四十到七十小時，在這麼長的拘束時間裡，雌蟲透過陰莖打開的管子，從雄蟲

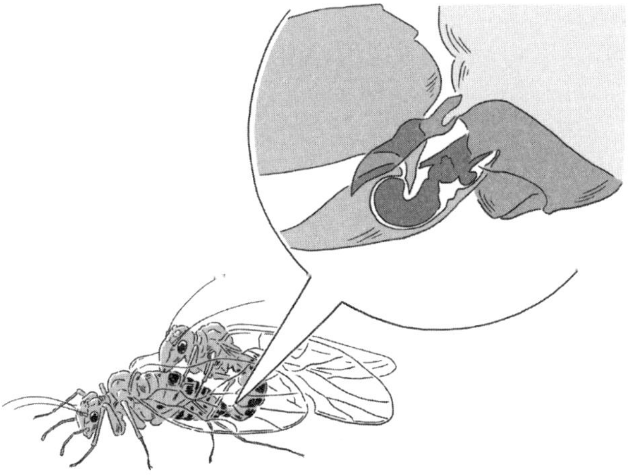

身上接收精子與營養成分。

由於雄蟲投下附贈營養的生殖成本，所以雌蟲可以用較快的步調再交配。此外，雌蟲也會爲了營養而與其他雌蟲競爭。

從這種現象可以了解，Neotrogla雌雄蟲對交配的積極性出現了顛倒，於是性淘汰在Neotrogla雌蟲身上強力運作，因而交配器構造也出現翻轉。

Neotrogla性器官功能的翻轉，是個有趣的進化例子，不過更深入探究的話，它也能讓我們有機會就平時習以爲常的男女性角色，即彼此對性別所期待的固定觀點，好好重新思索。

《換身物語》教我們的事

前面Neotrogla這種昆蟲在日本取名爲「換身齧蟲」，這個名字源自於《換身物語》，作者不詳，描寫平安時代宮中，男女交換性別生活的故事。

這裡簡單的介紹一下故事的梗概。

平安時代，出生於京都名門的權大納言[3]才幹出眾，官職步步高升，有妻二人，女兒美麗，兒子俊俏，他的人生任何人看了都豔羨不已。

但是，權大納言有個不爲人知的煩惱。他苦惱時的口頭禪就是「眞想換身」，因爲他的大女兒有著陽剛的男子氣概，兒子的性格卻內向陰柔，如同女子。

長大後兩人性格仍未改變，權大納言不得已，只好將女兒當成男子，兒子當成女子來養育。不久後，男裝的姊姊出仕成爲中納言，與右大臣四女兒四君成親，而弟弟則成爲尚侍女官，服侍女東宮。

可是，中納言與四君都是女子，無法有性關係，好色的宰相中將見四君姿色，便勾引她私會，幾次之後讓四君懷了孕，中納言得知後十分苦惱，但是宰相中將也看出她是個女子，進而逼她就範，於是中納言也懷了他的孩子。

至於尚侍（其實是弟弟）也與女東宮私通，讓她懷了孕，因此兩姊弟商量之

3 大納言為次於宰相的官職，而權大納言是指固定員額外的大納言。

後，決定互相交換身分，尙侍（姊）產下宰相中將之子，中納言（弟）與四君結爲夫妻，姊弟兩保住彼此的官位，也找回出生時的性別。

雖然過程中也有不少男女間笑鬧的情節，但是最後的結局中，大家都有了幸福美滿的歸屬，複雜的男性關係十分有趣，有興趣的讀者不妨找原作或現代譯本來看看。

這部《換身物語》是平安時代後期的古典文學，不過，在我們現代人思考男性化或女性化（性別偏見）時，卻是很好的啓示。

跳脫方便利己的「二分法」

男與女的概念，把我們人類分成兩個種類，這種二分法的思考，是建立有秩序社會時非常重要的方法。將事物分成兩半，在我們判斷和處理上其實相當合理。

例如像「優劣」、「上下」、「善惡」、「生死」、「明暗」、「表裡」、「長短」等反義詞所表現的，意指兩方性質不同，或是某一方較佳。兩分法的思考可以迅速簡單的得到結論，效果非常好。

過去某些暢銷書也有類似的書名，**「選哪一邊？」**的思考方式，**不需要深思熟慮，大腦也不需要耗費多餘的能量，輕鬆又簡單**。

而我們思考的「男性化」和「女性化」的概念，在簡單形容男女角色時果然也十分有用。

故河合隼雄教授是心理學家，也是心理療法家，他在著作中這麼說過：

「不知不覺間大家也將二分法思考適用在人的身上（中略），但是，老實說，這麼單純的二分法並無法將人規範在內。對想要操縱他人的人而言，這倒是相當有力的思考方法。

「而關於男性與女性方面，有些文化或社會爲了維持本身的秩序，強迫男性與女性按二分法來分類，經過了漫長的時間後，人們甚至會有個錯覺，認爲男女『本來』就是那樣的人。話雖如此，將男女明確的分類，對社會秩序的維持有相當的便利性，但正確與否則另當別論。」

雖然從維持社會秩序的角度來看，這種二分法十分便利，但我們在思考「人」時，這種無限相對化的刻板觀念分類法，會讓我們遺漏重要的東西。河合教授暗示我們，爲支持秩序而進行的強制，需要犧牲某些事物。

「男性化」與「女性化」正確嗎？

最近經常耳聞「社會性別」（gender）這個字，sex是生物學上表現雄性和雌性的性別狀況，而gender指的是文化、社會、心理上的性別狀況。

換句話說，就是由人類社會或文化建構的性，意味著「男生應該要這樣」、「女生應該要這樣」的社會框架，和「男性化」、「女性化」等「應該有的樣子」。

過去二十多年，我每年都會到紐幾內亞，在各地調查熱帶疾病，同時也一併檢查飲用水和糞便。那時我注意到，紐幾內亞各民族的男人「男性化」和女人「女性化」的定義，有很大的差異。

有的民族不論男女都很有攻擊性，而另一個民族，男性有攻擊性，女性則十分溫柔，這種體驗我遇過好幾次。

美國的文化人類學者瑪格麗特．米德（Margaret Mead）博士研究紐幾內亞地區的三個部落，阿拉佩什族、蒙杜古馬族、德昌布利族。這些民族彼此住得很近，性格卻大不相同。米德博士的報告提到，我們在歐洲文化中孕育長大，這些民族對男女關係或男女角色的想法，與我們「習以為常」的男女觀相比，可以說極為特異。

阿拉佩什族的男性和女性，都保持著「女性化」的溫柔氣質，而蒙杜古馬族卻正相反，男女都具有「男性化」的攻擊性。而德昌布利族的男性性格敏銳，對衣著打扮很有興趣，熱愛繪畫和雕刻，而女性則頑強善於管理，下海打漁獵捕食物，從事「男性化」的工作。

米德博士的報告意味著，「男性化」和「女性化」並非絕對的價值，而是由

文化或社會建立起來的。

也就是說，我們認爲「理所當然」的男性樣貌和女性樣貌，會因爲文化的不同而有所變化。

過去的日本社會是遵循傳統社會、文化建立的性別構圖形成，長久以來，家庭中的男女角色、地方社會或職場中的男女關係中，都可以看到「男性爲主，女性爲從」、「男性主動，女性被動」的固定框架。

現在，日本年輕男性不再崇尚力量，人們稱之爲草食男子，精神萎靡。這是因爲社會給男性的束縛——「男人就必須〇〇〇」開始對年輕男性造成沉重的負擔。

因此，我常在想，這些年，日本男女是不是應該從被刻板性別意識限制的社會中釋放出來比較好呢。

現代社會的「戀愛強迫症」

男性與女性，在身體和精神上都是完全不同的生物。從哲學的角度，曾有以下的名言來形容男女。

> 女人不用做什麼就能成爲女人，但男人只靠Y染色體和男性器官，並不能得到認可，必須努力達成某種任務，才能成爲男人。
>
> ——伊麗莎白·巴丹德（Elisabeth Badinter）《XY——男人是什麼？》

說到男女的戀愛，最引人注目的就是彼此心意的雞同鴨講。那是因爲男女在肉體和精神上都是不同的生物，此外，男女也都被困在先入爲主的「女性化」和「男性化」性別觀念中。

據說男性作家筆下描寫的女性，大致可以歸類爲以下三種模式：

(1)難以侵犯的「聖女」型

(2)男人呼之即來，揮之即去的「妓女」型。

(3)完全包容男人的「大母親」型。

看到這裡就能明白，男性作家作品中的女性，完全不具有與自己對等的人格。

對於情人或妻子等女性，男人希望她們只屬於自己，爲自己奉獻一切，但相對的，男人又認爲自己可以愛別人，自己不屬於女性所有。

另一方面，女性期待自己受到守護、保護，有逃避自己獨立的傾向，很多人認爲這就是「女性化」。

美國女性作家柯列特．道林（Colette Dowling）在一九八〇年代初期，將之命名爲「灰姑娘症候群」。

戀愛中男女的雞同鴨講，應該是因爲彼此的偏見，造成與異性之間的溝通不全所致。

這種溝通不全在男性方面產生的類型，便是「在戀愛上害羞的膽小鬼」型，美國的社會心理學者布萊安．G．基爾馬丁（Brian G. Gilmartin）將它命名爲「害羞男症候群」（shy-man symdrome）。

那麼，爲什麼害羞的人最近增加得那麼多呢？我認爲，恐怕也是因爲愛情表現屬於男性主導文化，也就是受制於「男性應該主動○○」的「男子氣概」意識吧。

基爾馬丁設計了一張害羞度的檢測表，同時也解說跳脫害羞男的方法，他認爲必須多與同年代女性約會，找到肯定自我表現自己的方法。

我最近常常在想，現代社會會不會是個戀愛強迫症的時代？因爲，在年輕世代很明顯的顯示出「不能戀愛的人不算成熟」的偏見。而且，這裡面還夾雜著男女之間意識的偏離，問題變得更加複雜。

高唱男女同權主張，已經是古早古早的事了。從性別偏見開始，過去被種種刻板偏見束縛的戀愛，我認爲必須再一次刨根究底，重新評估才行。

正如目前所見到的，**男與女孕育的一夫一妻制架構，已經出現了制度疲勞，就快撐不下去了，**原因之一是自古以來「男」與「女」的角色，**成了捆綁我們的枷鎖了。**

如果我們把目光轉到動物的世界，可以發現牠們過著自由的生活方式，不受一夫一妻制約束。

我認爲我們人類應該向動物學習，打通這條死胡同，這樣才能走出新的生活方式。

而且，不管我們如何調整軌道，「重大的變化」似乎已經展開了。

第3章

雄性無用論

「潔癖」讓生物雌性化

日本人的「潔癖」與日俱增的在升高。

抗菌社會更加深化，而且年輕人的潔癖變得極端嚴重，連汗水、尿液都見而生厭，可以想見不久後，即使自己有一天也會成為其中一員，卻還是嫌棄老人或病人的體臭。我不禁憂心，到了最後，大家會不會無法與老人或病人自然的相處呢？

不過，各位知道潔癖會造成垃圾量的增加嗎？

包裝過度的食材，從肉和魚到蔬菜，全都用保鮮膜封裝。這是為了重視衛生的日本人而想出來的做法。但是，這種從衛生面考量的包裝，卻會惡化環境。日本快要成為垃圾國了，從包裝紙、廢紙開始，到保鮮膜、塑膠盤等，過度包裝沒有盡頭，即使自帶環保購物袋也只是一種自我安慰，垃圾終究還是持續不斷的膨脹。

雖說那些垃圾九成以上都送進焚化爐燒掉，但燃燒垃圾過程會產生戴奧辛等環境荷爾蒙，環境荷爾蒙正因爲會引起人類荷爾蒙的異常，才有此命名。

這些包裝和容器，大量使用了雙酚A（酚甲烷）作爲原料，這種雙酚A屬於有機化學物質，與戴奧辛一樣，會搞亂生物體內的內分泌系統，所以也算是環境荷爾蒙的一種。

荷爾蒙會進入細胞內活動，所以細胞對每一種荷爾蒙都會有一個「鑰匙孔」，而環境荷爾蒙與女性荷爾蒙「雌激素」相似，所以它等於拿到了「備用鑰匙」。

總之，荷爾蒙與環境荷爾蒙的關係，可以比喻爲「鑰匙」與「備用鑰匙」。拿著備用鑰匙的環境荷爾蒙會附著在鑰匙孔，誘發不必要的女性荷爾蒙作用，阻礙眞正女性荷爾蒙的功效。其他如環境污染物質戴奧辛，現在已知道它有抗雌激素作用，會讓子宮內膜肥大。

此外，殺蟲劑也是破壞環境的物質，蟑螂明明並沒有危害我們，但是蟑螂一出現，幾乎所有的人都會拿起殺蟲劑噴灑，將蟑螂殺死。

製造消滅蟑螂等殺蟲劑的廠商說，蟑螂是「討厭的害蟲」，許多人只因爲「討厭蟑螂」的理由，而將蟑螂這種生物全部撲殺。

幾年前，在汙水處理場附近魚群的雄魚身上發現卵巢，顯示有雌性化的現象，因而成為社會上的一大話題。此外，陸續有調查報告指出，出現黑脊鷗的雌鳥們會一起築巢，雞蛋不孵化的情形增加，發現陰莖很小的鱷魚等。學者們認為這種現象，也許正是受到這些環境荷爾蒙的影響。

人類也無法自外於這種危機，就因為我們強化扭曲的潔癖觀念，結果顯示男性有女性化的趨向。

最近，二十、三十世代女性罹患子宮內膜症的人數急速增加，據說也是受到環境荷爾蒙戴奧辛的影響。

子宮內膜症是指子宮內膜或其他相似的細胞組織，在子宮以外的地方增生的狀態。每次月經來潮時，該處也會出血，引起劇烈的疼痛，進而成為性交疼痛或不孕症的原因。

環境荷爾蒙雖然並沒有急速危害人體健康的毒性，但卻會一點一滴的腐蝕我們的身體。

解開精子減少之謎

如前一章所述，日本的少子化是十分嚴重的問題，甚至有可能導致滅國，日本人生不出孩子也可視爲環境荷爾蒙的影響。

環境荷爾蒙會引起精蟲減少，我認爲精子減少的日本男人，無法熱情的戀愛，對性交也失去欲望，是現在少子化的原因之一。

除了環境荷爾蒙之外，食物添加物也與精蟲減少有關係。

有一份比較早期的數據，一九九八年，大阪大學的森本義晴教授，在日本不孕學會（現在的日本生殖醫學會）發表了這樣的調查結果。

調查了六十位平均年齡二十一歲、自稱「**健康男性**」的精子後，只有兩人的**精子數和運動量正常**。六十人當中近八成的人常吃泡麵和漢堡，現在一般日本人不論再怎麼小心，一天都會有十克食品添加物自然的進入體內，照這樣計算，一年的攝取量約接近四公斤。

我認爲這些食品添加物使得精子減少。二〇〇六年日本、丹麥、法國、蘇格蘭、芬蘭五個國家的各地區，若在年齡、季節、禁欲期間等一定條件下，比較妻子懷孕期間丈夫的精子數，得到的結果是日本數量最少。

精子數量竟然只有第一名芬蘭的三分之二。

近年來，日本因爲精子量少而無法生育的夫妻越來越多，據說即使一年不避孕，也不會懷孕，像這種「不孕症」的夫妻，在日本七對中就有一對。

某項調查，由帝京大學醫學院的三十多名學生提供精液進行檢查，健康的男性一般精子數量多爲每毫升一億個左右，但是受檢查者幾乎都只有半數，五千萬個以下。而且，精子本身的運動率也比較低。

活動精子數（精子數×運動率）——也就是動態精子的數量，若有每毫升二千萬到三千萬個就很好，如果在這個數值以下，生育就會有困難。

追求清潔促使垃圾增加，噴灑殺蟲劑產生環境荷爾蒙，貪求便利而攝取含有添加物的食品，也許才因此顯現出男性精子減少，女性子宮內膜症發生等「症狀」。

人會捨棄「雄性」嗎？

我們人類是創造文明或文化的物種，因而，追求「更便利」、「更舒適」、「更清潔」的環境，也是無可厚非的事。

但是，這裡面也造成了一個很大的陷阱。

構成我們人體的細胞，基本上幾乎和一萬年前的人沒有差別，我們雖然靠著適應一萬年前環境的細胞在生存，但周圍的環境卻有了很大的改變。

空氣變了，食物變了，生活環境也變了。

劇烈改變的環境，對人的身體和精神都造成很大的影響。

遺憾的是，現代人已經不可能回到一萬年前的生活，不得不認爲現代人必然要走向滅絕的道路。因而，我認爲人類的無性生活，無法留下子孫也是無可奈何。

事實上，放眼世上許多生物，即使沒有雄性，有些動物也能讓自己的種保留下來。地球的生物會運用各種智慧，在這個地球上存活下去。

鞭尾蜥屬的其中一種蜥蜴（*cnemidophorus uniparens*），是靠種間雜交而誕生的新品種。這種蜥蜴沒有雄性，由雌蜴單性生殖繁殖後代。這個*uniparens*新種蜥蜴的母方祖先，叫做小斑紋鞭尾蜥，這個物種有雄性，而且雄性與雌性也都顯示正常交配。

新種*uniparens*蜥蜴是單性生殖，照理說並不用交配，但是經常可以觀察到成對的蜥蜴做出類似祖先小斑紋鞭尾蜥的交配動作，也就是說有一方雌蜥擔任「雄性角色」，進行性行爲。這稱之爲「擬似交配」。

「雄性角色」的雌蜥蜴會靠近準備好接受交配的另一隻雌蜥蜴，騎在牠背上，然後像小斑紋鞭尾蜥的雄蜥一般，用下顎緊緊扣住另一隻雌蜥。兩、三分鐘後，牠會把自己的尾巴捲入另一隻雌蜥尾部下方，交疊住泄殖腔。

小斑紋鞭尾蜥的話，此時會做出插入陰莖的動作，但兩隻雌*uniparens*蜥蜴當然無法這麼做，只是接觸彼此的總排泄口而已。

但是，這種擬似交配具有明顯的生理性意義，接受擬似交配的雌性，卵巢會產生功能亢進，產卵次數也增加三倍以上。

學者調查了*uniparens*蜥蜴中哪一種個體會展開雄性的行爲時發現，在排卵期之前，牠是雌性，排卵結束後就會進行雄性的行爲。也就是說，只有雌性的*uniparens*蜥蜴彼此「一面在女兒國進行女同行爲」，一面將種保存下來。

*uniparens*蜥蜴捨棄了祖先的交配行爲，不再需要雄性。從這個例子來看，我們不能否定經過了長時間之後，人類在未來有可能捨棄男人的存在，只剩下女人。現在終極潔癖化造成的精子減少與少子化，似乎就暗示著這一點。

雄性一心求偶的悲慘命運

地球暖化現已成爲世界性的問題，像棲息在熱帶地帶的昆蟲也入侵到日本來了。

黑寡婦蜘蛛在全世界有許多品種。

其中一種紅背蜘蛛原本棲息在地球的亞熱帶地區，以澳洲爲主。受到地球暖化的影響，從二十年前開始，這種蜘蛛也傳入了日本，最初的棲息地只分布在九州和關西地區，但是最近連關東和東北地方都能見到牠的存在。

紅背蜘蛛帶有強烈的毒性，一旦咬到會伴隨劇痛，但是，極少有人因此喪命。紅背蜘蛛的雌性體長約一公分，雄性配偶三公釐，身型非常小，還不到雌性的三分之一。

這種紅背蜘蛛的求偶行動，還是由雄性執行，澳洲新南威爾斯大學的麥克・卡蘇莫維克博士就是研究紅背蜘蛛的求偶行為。

紅背蜘蛛的雄性會用腳撥動雌蛛所在的蜘蛛網，來表現自己，接著散發出含有化學物質的誘惑訊息。卡蘇莫維克博士解釋：「那就像在彈吉他，彈出的甜美音樂讓雌蛛產生期待，化學物質的訊息就像是詩歌。」

另外，加拿大多倫多大學士嘉堡分校的梅蒂安・安德烈德說明了紅背蜘蛛複雜的約會順序。

沒想到紅背蜘蛛的雄性中，有80％一生都找不到交配對象。

幾隻雄蛛集合在蜘蛛網上，撥動蜘蛛絲，散放出誘惑的化學物質，使出渾身解數的吸引雌蛛的注意，雌蛛在這過程中永遠處於優勢，對拚命求偶的雄蛛發送忍耐測驗。

能在蜘蛛網上等待最久的雄蛛，就表示牠的能量足夠維持最久的求偶行爲，因此能獲得雌蛛的青睞，贏得勝利。

當雌蛛周圍集合了許多雄蛛可供牠揀選的狀態時，雄蛛的求偶行動會更加熱烈，競爭也變得白熱化。

不過，**這種蜘蛛**的全名叫做「**紅背寡婦蜘蛛**」，英文名爲「redback widow spider」，取名爲「**寡婦**」是因爲交配之後，**雌蛛會殺了雄蛛自己成爲未亡人（未亡蛛？）**的緣故。

雌蛛把雄蛛當成食物吃掉，這未免太殘忍了，想到被吃掉的雄蛛，不覺憤憤不平，但事實上，**研究發現紅背蜘蛛的雄蛛並不是一時粗心被吃掉，而是自己主動讓雌蛛吃掉**的。

觀察紅背蜘蛛的交配行爲，雄蛛在交配中，會故意翻身到雌蛛的嘴上，從澳洲伯斯近郊的調查可知，交配中翻身讓雌蛛吃掉的雄蛛占65%。

故意讓雌蛛吃掉的原因可能有二，一是藉由翻身到嘴上，拉長交配時間，另一個原因是阻止雌蛛再交配。

兩個理由都有助於雄性留下自己的基因，但是我們人類實在不敢恭維。

雄蛛辛辛苦苦從對手的競爭中勝出之後，將自己的生命獻給心愛的人，相對的，雌蛛卻是挑選出異性，將牠們吃掉。

但是這個矛盾卻能讓生命延續下去。

太過悲慘的雄性們

有的雄性寄生在雌性身體上渡過一生。

這是一種名字有點拗口的魚，牠叫密棘角鮟鱇。

雌鮟鱇魚有二十到四十公分，雄鮟鱇魚約從一公分到七公分，和雌魚比起來，體型非常迷你。

這種魚的雄性會將頭附著雌性的腹部，向下垂吊著。雄魚咬住雌魚的腹部，直接從雌魚腹部吸收營養，永遠不離開雌魚，渡過一生。

由於雄魚不需要自己獲取營養，所以身體和眼睛退化得很嚴重。

雄性鮟鱇魚的任務只有交配而已，所以只有精巢特別發達，令人感到哀傷，卻又有一點點羨慕，這難道是「可悲雄性」的稟性嗎？

另外還有一個雄性身體極小，而且生活在雌性體內的例子，那就是附著在礁岩上的藤壺。

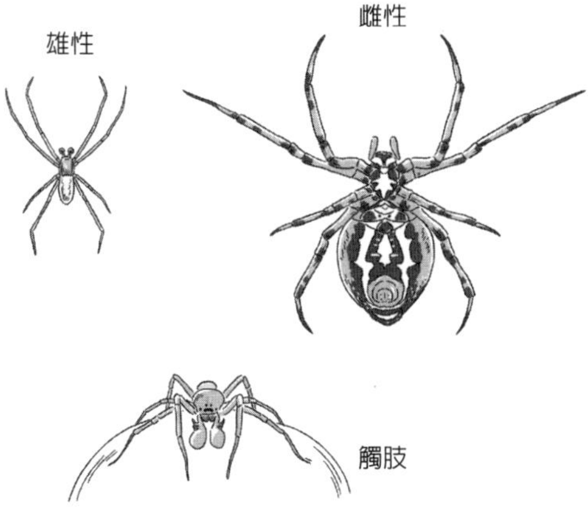

雄蛛的觸肢插入生殖孔後，就拔不出來了

藤壺的種類中，有些屬於雌雄同體，也有雌性與雄性分別存在的品種。但這類藤壺的雄性身體極小，一顆雌藤壺體內寄生的雄藤壺高達十顆以上。

其他相當知名的是螳螂，雌蟲在性交過程中會把雄蟲吃掉。這種例子除了螳螂之外，在蜘蛛、蠍子身上也經常可見。

但其中有些雄性的遭遇更加悲慘，那是長圓金蛛的雄蛛。如同上圖所示，雌蛛的大小在二公分以上，但是雄蛛非常小，還不到五公釐，雄蛛的頭部有兩支觸肢，精子就裝在觸肢裡，換句話說，這種蜘蛛的陰莖是從頭部長出來的，這種蜘蛛的雌性生殖孔位於腹部下側的兩個空洞。

這種蜘蛛的交配十分悲慘。

雄蛛將觸肢插入生殖孔後，就無法從孔中拔出來了，雄蛛不得已，只好讓空氣充滿觸肢，使其膨脹，隨同空氣壓力一起射精。

此時觸肢破裂，雄蛛死亡，雌蛛便會將死去的雄蛛快速吞食掉。

皺紋雙稜針蟻的死亡殘酷得難以想像

有一種雄性在臨終前更爲悲慘。

牠是沖繩的巨大螞蟻，皺紋雙稜針蟻（*Diacamma indicum*）。

這種蟻不論雌雄，一生都只交配一次，雌蟻身體內有個可貯存精子的貯精囊，只要收到一次精子就能分次慢慢使用，所以只要交配一次就夠了，但是雄蟻遭受的命運卻很殘酷。

蟻后從巢穴中向空中散播出費洛蒙，在空中飛行的雄蟻受費洛蒙引誘，飛進蟻穴中，從中發現了散播費洛蒙的蟻后，歡天喜地的開始交配。

然而，接下來卻是雄蟻悲劇的開始。

雄蟻與蟻后交配後，就無法脫離蟻后的身體，蟻后身體裡的把握器會將雄蟻牢牢固定住，然後將牠拖回巢中。

然後，雄蟻會被與蟻后同窩的其他姊妹咬斷，把牠的肉全部吃掉，最後只剩下蟬蛻般的空殼。在難以想像的殘酷遭遇中嚥下最後一口氣。

以上，闡述了「愛很危險」的「眞理」。

有些生物不需要雄性的存在，但也有像紅背蜘蛛或皺紋雙稜針蟻的雄性，付出生命只爲表現自己。

從那個情境，我彷彿能聽到雄性悲痛的叫喊：「弄痛我沒關係，玩弄我、把我殺了吃掉我也不在乎，只拜託你千萬別說『我不需要雄性！』」

為什麼男性變得無用

人利用高度發達的大腦，創造了讓自己活得安全又舒適的環境。然而創造只有人類安全而舒適的世界，卻將地球上許多生物逼到滅絕的地步。

過度的潔癖把保護我們身體的周遭細菌都趕走，使得我們自己的免疫力降低，甚至受到以前未曾危害人類的細菌或病毒的侵襲。

花粉症、過敏、支氣管氣喘之類的過敏性疾病，以前日本從來沒見過。日本杉樹花粉症的首例發生在一九六三年，是栃木縣日光市的成年人，在此之前，日本並沒有杉樹花粉症這個名詞。

吃小麥等引起的食物過敏，現在也困擾著很多人，但這也是近十年來才出現的現象。從前日本人免疫力高，未曾罹患過敏性疾病，而近年來憂鬱症等心理疾病急遽增加，我想這都和腸內細菌的減少不無關係。

另一方面，仰賴我們研究出的醫學技術，幾乎已使威脅人類生存的可怕傳染病銷聲匿跡了。即使地球環境發生了巨大變化，人類的頭腦還是建立了足以應對的現代社會。

雄性與雌性進行的有性生殖，是爲了對付可怕的病原體侵襲，和地球環境的巨大變動才演化發達的特性。

可怕的病原體從地球上漸漸減少，即使地球環境出現巨大變化也能應付時，男性就變得可有可無了。失去了威脅之後，生物也會演化成不需要麻煩的有性生殖。

遠古時代的地球曾以無性生殖的方式繁衍生命，然而現在，我們卻自己創造出一個「與性無關、可以隨心所欲的無性生殖比較好」的時代。

此外，如前所述，我們建立的文明社會導致男性精子減少，引起男性的女性化。

其結果是失去對性的熱情，也變得無性關係，成了生不出孩子的人。總之，現代的文明正在一步步建立起男性無用的社會。

已經失去雄性的生物

在昆蟲的世界裡，實際上有些物種沒有雄性也仍能繁殖到今天。

有一種叫蛭形輪蟲的昆蟲，依據記錄，牠們只靠雌性傳承至今，已經有八千五百萬年的歷史。而且就算不提這麼極端的例子，我們也發現雄性短暫消失時，光靠雌性也可以傳承世代的生物，竟然還不少。

蚜蟲是一種廣爲人知的農業害蟲，這種昆蟲在環境和煦的春天到夏天，只有無翅的雌性會不斷增加，但是一旦接近冬季，就會出現有翅膀的個體，這其中也會有雄蟲。

其他如水稻水象鼻蟲，牠是稻米的害蟲，原本在美洲大陸繁殖，那時，牠們的雄性和雌性會行有性生殖，繁衍子孫，但是一九七六年入侵日本時，卻只有雌性，開始以單性生殖增殖。

原來侵入日本之後，**對水稻水象鼻蟲而言，這個環境十分安定，既沒有天敵，也沒有病原體，所以捨棄了增殖速度緩慢的雄雌**有性生殖。

大概是因爲不用雄性，只靠雌性的無性生殖，對增殖比較有利吧。

我最喜歡條蟲，而牠的中間宿主水蚤在舒適的條件下，只有雌性進行單性生殖，快速產下大量孩子，但是當生存密度升高，環境變得惡劣，就會產出雄性實行有性生殖，放慢生殖速度，產生具多樣性的品種。

另外，介殼蟲也會視環境的狀況，輪流進行無性生殖與有性生殖。

由此可知，我們意外的發現有相當多生物的雄性不時會消失。

也就是說，我們現今的環境有可能接近暫時不需要雄性的環境，就和這些生物一樣。

自由變換性別的棘頭副葉鰕虎魚

有些魚類隨著環境變遷，可以自由自在的變換性別。

棲息於珊瑚礁的魚類，大多能夠簡單的轉換性別。

棘頭副葉鰕虎魚的體型小時是以雌性生活，但是當體型變大之後就會變成雄性。但是在珊瑚礁與比自己大的魚同居時，牠又會變回雌性。

珊瑚礁裡有許多魚種成群結隊的生活，由一隻雄魚負責警衛，保護群體的魚。當這隻魚因爲某種原因從群體中消失時，眾雌魚當中體型最大的一隻會變性成爲雄性。

因爲這些魚需要雄魚來守衛「地盤」。爲了迎接更多的雌魚進來產卵，就必須維護更寬敞、環境更好的地盤，所以才會選出體型最大的魚成爲雄魚。

棲息在同一座珊瑚礁的生物，但不需要地盤的時候，體型大的魚反而會變爲雌性，像長額蝦就是其中一種，牠的產卵數會與雌蝦的體型大小成正比。

相反的，雄性的繁殖能力並不受體型大小的影響。每年一到繁殖期時，如果能自由決定性別的話，小型蝦變成雄性，大型蝦變成雌性，對留下子孫比較有利。

這些會變性的物種要變成哪個性別，看來好像是以配偶模式是「亂婚性」或「地盤性」來決定。

生物界的雙性性格

進而，有很多生物在身體中同時擁有雌性和雄性的功能。

也就是所謂雌雄同體的生物。

我把自己肚子裡飼養的條蟲，取名爲「清美」，這種日本海裂頭條蟲體內同時有雄性和雌性的性器，牠的身體由約四千個體節連結而成，每個體節內都有雌雄各自的生殖器，簡言之，只要把條蟲想成由多個雌雄同體的個體連結形成的蟲就行了。

條蟲的受精不但可由同一體節的雌雄生殖器進行，也可與同一蟲體的其他體節接合來進行。因而，這種狀況下生出來的個體基因不會一致，而是各不相同。這樣一來條蟲可以混合基因，增加多樣性。

其他像是原產於美洲大陸的喇咕，只從牠的正面看的話，完全辨識不出雌雄，但是一到戀愛季節，雄喇咕會一一抓住經過身邊的喇咕，將牠翻倒引導爲交配的姿勢。如果被翻倒的是雄喇咕，牠會翻回來說聲「抱歉」離去，但如果是雌喇咕，就會擺出「請便」的態度。

雌雄異體的生物，如果同種之間很少相遇，不巧遇到時兩隻都是雄性或雌性時，那麼專程來相見的努力等於白費苦心。這種狀態下，若是雙性性格的生物，身體裡同時具有雌性和雄性性器，每次與其他個體相遇都一定能交配留下子孫。

但是，**雙性性格的生物有時也會視狀況的需要，變化成「男角」或「女角」，像蝸牛就是**。

蝸牛具有特殊的結構，可以視交配時對方身體的大小，決定要「送出」或是「接收」精子給對方。如果自己的體型比相遇的同伴大時，它會發揮雌性功能，如果自己體型較小，則發揮雄性功能。

另一種雙性性格的生物，在遇到同伴時，會通過激烈的戰鬥來決定自己要變成哪一種性別。

渦蟲爲扁性動物，與其他個體相遇時就會奮力刺戳彼此的身體，進行長達一小時的陰莖戰鬥。然後最先刺中對方的渦蟲會成爲父親，離開現場，戰敗的渦蟲會因爲那一刺而懷孕，開始尋找食物和安全的地點，之後更消耗能量照顧孩子。

如果大家知道，自然界有許多像這樣自由操控性別力量的生物，對於自己進化成最高等生物就自鳴得意的態度，人類應該慚愧。

草履蟲之戀

利用分裂等原始的生殖，是不使用性也能留下後代的方法。

但是，人們觀察到進行分裂等原始生殖的生物，也和有雌雄性別的高等動物一樣，會沉浸在接合的動作，宛如互相確認對方的愛。

舉例來說，草履蟲是靠著分裂來延續後代，但是，在分裂之前，一定看得到兩個個體的接合。草履蟲有三個以上特化成生殖的細胞，像是精子、卵子、花粉等，它們叫做「配偶子」，有的配偶子可藉由排列組合完美接合，有的配偶子則不行。

草履蟲似乎隱藏著浪漫的愛情起源。

法國古生物學家的文章中留下詩情的表現。

時而，草履蟲什麼也不吃。

看似不安的蠢動。

四處游動，像是在尋找著什麼。
彼此碰撞，用纖毛彼此撫動。
不久，兩隻蟲互相靠近，結合爲一。

一度結合後，互相壓迫對方，
口與口互相貼緊，
宛如接吻一般。
相偎相依之後
開始更親密的接觸。

接下來，草履蟲互相接觸部分，細胞膜越變越薄，進而消失，自由的融爲一體，交換細胞核後，再度形成膜，蟲體分開。

草履蟲當然並不是靠著這種接合，來增加後代的數量，這個行爲與傳宗接代沒有關係。但是，實際上，這個舉動卻是讓子孫永遠流傳的必要動作。

如果草履蟲沒有互相接合，牠們分裂約六百次就會死亡。**互相接合可以得**

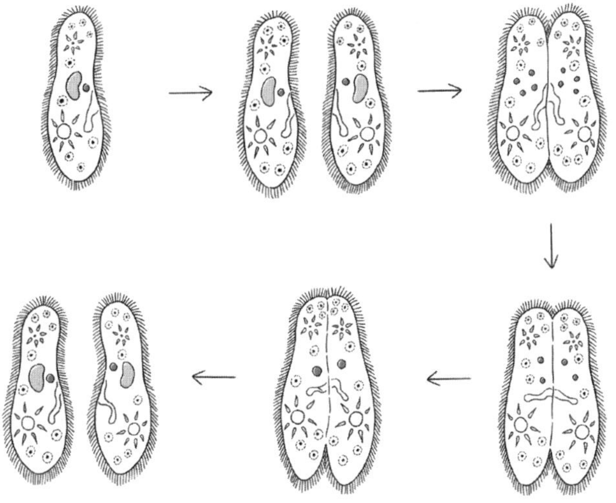

到與自己不同的基因，藉此保持年輕，以備下一次分裂。

如果只是周而復始的細胞分裂，草履蟲就只有特定的基因，如果發生氣溫上升等環境變化時，草履蟲可能全部滅絕。

靠著彼此接合，重新組合製造多種基因，便會出現可以抵禦溫度上升的個體，而存活下來。

「再心酸也要追愛」，愛情也許是地球上生物得以長存的原動力吧。

第4章

太可悲的生物——「人類」

雌性與雄性相親相愛走向滅亡的說法

同一規格化的家畜將最早滅絕

如同前面再三提及的，我們現代人不斷升高「潔癖」的習慣。從除菌噴霧、馬桶蓋清潔開，到電源開關、金融卡、原子筆、砧板、進而連身上穿的內衣褲或襪子，都拿抗菌作爲宣傳。

這樣的抗菌社會發展下去，又邁入了「除臭社會」，人們到了連自己身體發出的臭味也要消除的地步。多出了「酸臭味」、「油膩味」等名稱，只要周遭有人發出臭味，就會有人抗議「氣味搔擾」，所以人人無不戒慎恐懼。

任何人都有體味，這是再自然不過的事，儘管如此，企業高明的行銷策略，讓我們越來越厭惡臭味，引導大眾購買抗菌商品。

終於到了近年，我們對自己體內尿便的厭惡感越來越強，也許最終我們會形成連汗也不流、呼吸也不行的社會。

另外，日本還有個特有的習慣，就是「戴口罩」。在花粉症發作的季節，口罩銷路本就不在話下，二〇〇三年ＳＡＲＳ和禽流感的流行，二〇〇九年新型流感發生時，口罩銷售更是強強滾，店裡一罩難求。但是，傳染病平息之後，口罩的賣況似乎並未大量減少。

某個電視節目對一百名戴口罩人士進行調查，結果有二十四人表示自己正在感冒，二十人回答爲了預防感冒，剩下的五十六位戴口罩的人，與感冒一點關係也沒有。

這種沒感冒也戴口罩的狀態，最近稱之爲「伊達口罩」[4]，其目的是爲了美觀、保溫、保濕，但有些人的理由是「不想被別人看到自己的表情」、「不想跟別人說話」、「莫名的感到安心」。

許多人戴著口罩在街頭行走，成了日本特有的景象，但是外國人士看了都覺得相當奇妙、不解。

我也在國外生活了很長時間，但即使是從事醫療的人士，平時也不太常使用口罩，最多只有在手術的時候戴上。如果平常戴著口罩，反而會被懷疑「這個人是不是罹患了什麼奇怪的感染症」，沒有人敢靠近。

4 無特別用意而戴口罩，意即「裝飾口罩」。

英國報紙《每日電訊報》東京特派員柯林・喬伊斯，有過長年在日本生活的經驗，他在自己的書中舉出「如何可以在日本長久生活的條件，其中一項就是『與戴口罩的人對話，不會笑出來』。」

由此可見，平時戴口罩的模樣在外人眼中多麼奇怪了。

現代的日本把清潔、除臭、隱藏眞面目視爲理所當然，這樣的社會會不會忘了去接納人人都有不同的個性，而衍生出如「排除所有異質事物」等極端偏狹的思想呢？

日本製造的產品，在品質管理上的確非常優秀，名冠全球，但是，如今我們會不會要求自己也要仿效它，把人當成工業製品一般追求規格的均一化呢？

我很早以前就提出「人類逐漸走向家畜化」的想法，但我們都知道，同一規格的家畜一旦面臨滅絕的危機時，很快就會死光。因爲不具多樣性的生物，隱含著率先被淘汰的危險性。

絛蟲就此滅絕

如今，地球上許多生物都瀕臨絕種的危機，不只限於動物和植物。

過去，我在自己的肚子裡飼養日本海裂頭絛蟲，從第一代里美開始，到第六代穗希，六代的絛蟲住在我的肚子裡長達十五年，遺憾的是現在已經不在了。

爲什麼會這樣呢，因爲在日本找不到絛蟲的幼蟲了，現在日本的絛蟲已經處於滅絕的狀態。

在肚子裡成長的絛蟲，一次會在人類的腸道中排出近二百萬個卵。但是，除非我在古代的廁所排便，否則不會形成條蟲的感染循環。我的糞便會在下水處理場處理掉，條蟲卵不會流入河流中。

神田川是我讀書時代開始淵源很深的河，假設我在神田川排便的話，條蟲的卵會孵化，侵入水蚤體內，條蟲的幼蟲進入水蚤的體內成長。

假設我在神田川排便，水蚤將它吃下肚，在日本的話，感染循環會在這裡再次停止。體內有條蟲幼蟲的水蚤，如果沒有進一步被鮭魚吃掉，幼蟲就不會發育成感染幼蟲。

總之，在肚子裡飼養條蟲的人，爲了製造條蟲的感染幼蟲，必須直接到鮭魚棲息的河流排便。然後，條蟲的幼蟲進入水蚤體內，鮭魚再吃掉那些水蚤，鮭魚體內才會形成感染幼蟲，而人類剛好吃下那些鮭魚的生魚片，才終於能形成感染循環。

日本從將近三十年前就整建好汙水下水道系統，讓人的糞便不會流入河中，所以日本的條蟲感染循環完全無法形成，條蟲早已處於滅絕的狀態。

將寄生蟲名登入《國際自然保護聯盟瀕危物種紅色名錄》

我不認爲所有的寄生蟲都對生物有害。

花粉症在五十年前幾乎從未見過，也許那是因爲肚子裡有寄生蟲的關係。因爲，我認爲寄生蟲製造的抗體保護了宿主。從全面實行驅除寄生蟲的時候起，花粉症發作的人數便大量增加了。

其他像是海螺體內的寄生蟲，對捕食其他寄生蟲相當有用。

寄生蟲的滅絕與動物的滅絕有非常深刻的關係。

動物陸續死亡後，寄生其體內的寄生蟲也會死亡。也就是說，棲息在絕種瀕危動物的寄生蟲，在動物滅絕時也有同時滅絕的可能。

在野外生活的動物，體內都有多種寄生蟲，就以野狗爲例，牠們身上就有絲蟲、蛔蟲、鉤蟲、鞭蟲等，平均一種動物，就棲息了三種以上的寄生蟲。加上還有寄生在寄生蟲體內的寄生蟲，可以說地球上有一半的生物是寄生蟲。

然而，**雖然寄生蟲數量占有生物的大半，遺憾的是人們對牠們的滅絕卻一點**

也不擔心。

富山大學的橫孝泰志教授，現在正推動將更多寄生蟲的名字登錄在《國際自然保護聯盟瀕危物種紅色名錄》（IUCN Red List of Threatened Species）上，這是登記有滅絕危險動物的名冊。

由於很難掌握寄生蟲的現況，不少寄生蟲名在刊載後又被撤下，不過他的推動已有了成果，二〇一三年，紅色名錄重新調整，終於追加了三種名字，二〇一四年更刊出全新的兩種壁蝨。

在日本，今後至少會有二十種上下的寄生蟲瀕臨滅亡，在生物多樣性受到重視的現代，希望這種現象能受到更多人的關注。

生物的歷史是周而復始的滅亡

生命大約在四十億年前於地球上誕生，從此之後，地球的生物經歷了五次的大量滅亡，稱之爲五次大滅絕。

最大規模的滅絕是第三次大滅絕，發生在距今約二億五千萬年前，當時失去了九成三葉蟲等海中的無脊椎動物，爬蟲類與兩棲類在種以上的科的層級，失去了三分之二以上。

相比之下，最晚近的第五次，算是規模最小的滅絕，即使如此，按推測當時也有半數的生物消失。

此外，由於近年挖掘技術的進步，發現了令人注目的新能源——頁岩氣和頁岩油。它的根源來自含有油分的黑色頁岩，而頁岩的生成也和生物的滅絕不無關係。

形成頁岩地層的地質時代，發生了好幾次全球性的「大洋缺氧事件」，推測就在過渡時期，發生了生物的大量滅絕。

大洋缺氧事件是因爲海水中的缺氧狀態大範圍的擴展，使得分解有機物的好氣性細菌和動物無法生存，而引發海洋環境變化的事件。

這個現象發生後，大量植物、浮游生物、陸生植物和其他生物的屍骸堆疊在海底沒有分解。堆積物因爲地殼的變動，而埋入更深的地下，形成巨大的壓力。

這時，藍藻類、光合成硫黃細菌，以及以黑色頁岩爲食的細菌等微生物發揮作用，因而形成了頁岩。

近期的頁岩氣革命，可以說是過去大量滅絕帶來的恩賜。

大量滅絕後發生的事

在生物大量滅絕之後，發生了「大輻射適應」，擴大了生物的多樣性。**輻射適應是生物演化顯現的一種現象，指的是從單一祖先演變出多種多樣的子孫。經過地球上的寒冷期、溫暖期、氧氣濃度升高等急速的環境變化，物種也從恐龍等巨大生物的盛衰，殘存的生物演變成更多樣性，以適應環境。**

由此可知，物種一再的滅絕，乃是自然的流程，也可以認爲它是生物進化上必要的過程，但是，這並不表示我們對生物的滅絕可以視而不見，或是靜觀其變。

因爲，**與過去相比，滅絕的速度不斷的在加速。**

滅絕的速度從一六〇〇到一九〇〇年的每年零點二五種生物急劇上升，到了一九七五年以後，一年內竟然有四萬種生物絕種。

絕大多數的滅絕都是人類活動所導致，像是爲了製作糧食、藥品、毛皮、裝飾品而偷獵亂捕、爲了開發土地而破壞動物棲息地、生活排水或工廠排放污染物質導致環境污染，貨物中夾帶或人爲攜入導致外來生物入侵等，這些都使得滅絕速度加快了腳步。

英國科學期刊《*Nature*》報導，根據生態學家的統計，現在生物滅絕的速度，在今後的幾個世紀內會有數千種消滅，最多可能有75％的生物種會滅絕。英國劍橋國際保育中心（Cambridge Conservation Initiative）的德瑞克·提登瑟（Derek Tittensor）博士也提醒：「在生物多樣性這一點上，狀態正在惡化。」

究竟有什麼方法可以解救這個迫切的危機呢？

其實有一個最有效的方法。

那就是人類從地球上消失。

人類對環境造成的惡劣影響，就是如此深遠。

如果人類不在了，地球會怎麼樣？

朋友告訴我，網路影音分享網站「YouTube」有個「AsapSCIENCE」的頻道，介紹科學的趣味，同時解決各種生活的疑難雜症，其中有一則短片，標題叫做「如果人類滅亡的話？（What If Humans Disappeared?）」

短片敘述，人類一旦從地球上消失，最初的幾個星期會陷入一片混沌的狀態。

人類不在之後，發電廠在幾個小時內就會用盡燃料，停止運轉，街頭的燈光熄滅，牧場的電動柵欄也沒有意義，所以全世界有十五億頭以上的牛、約十億頭豬、二百億隻雞等家禽家畜便會從欄舍中逃出尋找食物。

沒有人類餵食，所以絕大多數的家畜都會餓死，或是成爲世界上五億隻以上的狗或貓的食物。但是，狗和貓經過人類的品種改良，不適應野外生活，所以就成爲更強壯的雜種狗、狼、土狼、山貓等的目標。

此外，老鼠和蟑螂會因爲人類消失，個體數大量減少，人蝨、頭蝨等生物跟著滅亡。

都市裡的著名大馬路成了河流，馬達不再運作，所以地下鐵被水淹沒，馬路、大樓長滿了雜草和青苔，大型植物和樹木繁茂的生長。

但是，很可能在此之前，許多都市就已因為火災而破壞殆盡。這是因為由於現代住宅大多使用木材，只要遭到雷電擊中起火，就會把周遭一帶完全燒光。即使沒有火災，房屋也會被白蟻自然分解。

人類消失經過一百年之後，所有的木造建築都會消失，剩下的只有建築地基、汽車所使用的鋼筋。

但是，這些鋼筋不久之後也開始腐蝕，鋼筋的成分絕大多數都是鐵，一旦沒有上漆或是表面塗層，馬上就會與氧產生反應而生鏽，如果人類不在的話，這些鋼筋的壽命也沒有那麼長。

如果人類不在了，地球會怎麼樣？（之二）

然後，再經過數百年後，世界上絕大多數的動物生活都會回到人類誕生前的水準。但是，生物的分布會照著人類搬移過的地點繼續留存，像是駱駝會在澳洲徘徊，從歐洲進口到北美洲的多數鳥類也會繼續繁衍。還有，世界各地動物園逃出的動物，會形成新的生態體系，北美大平原上出現獅子，南美的河片裡有河馬的現象稀鬆平常。

此外，即使人類消失之後，收音機、衛星、手機等發出的電磁波仍然會半永久的留在地球上。

塑膠或硫合橡膠等化學聚合物不同於天然化合物或金屬，它不受細菌分解酵素的影響，不會生鏽也不會腐蝕，塑膠微粒也不會消失，所以只會被水沖走，浮在海上或堆積，繼續留在地球上。

距今數億年後，當外星的地質學家到地球調查時，也許會驚訝的發現由輪胎、塑膠袋碎片形成的碳煙堆積岩。

環境大大影響地球上哪些物質留存下來或消失。在沙漠的話，許多物質都會保存得比較久，這是因爲沙漠水分少，不容易進行腐蝕和分解。

此外，碳循環有可能讓二氧化碳的量回到數千年前的水準，而且，有機化學物質或放射性物質都會在地球上留存得很久。

未來，來到地球的外星古生物學家，可以從地質調查中得知我們熱愛塑膠，以及爲了擴大居住面積而離開非洲，把全球各個角落幾乎都變成殖民地的事實，然而他們卻可能苦思不解。

外星人應該會覺得不可思議，「既然他們花了那麼長的時間才成功，爲什麼卻這麼快滅亡呢？」

我們平時從來不會思考人類滅亡後的地球會變成什麼樣子。

但是仔細一想，**即使是摩天大樓林立的紐約曼哈頓，一旦荒廢棄置的話，經過二百年左右便會回復成原始森林。**

我們的文明如何對大自然倒行逆施，破壞地球環境的平衡，現在的我們是否有必要將它銘記在心呢？

四頭豬，三〇四一條鮭魚——人類一年吃多少食物

對生物而言，要活下去就要吃。

我們人類也是靠著每日攝取的食物維繫生命。

那麼，我們一年內吃的食量，到底有多少呢？現在就來簡單的試算一下吧。

爲了方便計算，我們設定人類一天需要的熱量爲二千五百大卡。一年的話，二千五百大卡×三百六十五天＝九十一萬二千五百大卡。

這些熱量如果以豬肉來換算的話：一頭豬可取得八十公斤的帶骨腿肉，如果按豬里肌肉一百公克有三百大卡熱量來計算的話，一頭豬含有二十四萬大卡的熱量，也就是說，**如果只以豬肉來換算我們攝取的所有熱量，一個人一年大約要吃掉四頭豬**。

其他再用魚爲例來試算，若以鹽烤鮭魚來計算，可食部分有一百公克，一條魚就有三百大卡。**假設將人類攝取的熱量，只用鮭魚來換算的話，一年要吃掉三〇四一條鮭魚**。

然後，豬和鮭魚從小養大需要食物，而且，成爲豬食物的生物，也需要消耗能量才能長大成爲食物。

能量的消費如此這般的不斷循環，在各種各樣的生物存活的狀態下，才能連鎖不斷往下一層消耗能量。

人類站在這個能量循環最高的位置，換句話說，他沒有天敵，所以人只有消費，並不會被其他生物消費。

此外，人類與動物最大的不同，是人會用火。人會燃燒木頭、煤和石油，當作動力和熱來消費能量。

所以我們知道，只有人類大量消費地球上的能量，地球環境開始失去平衡，是因爲人類大量破壞能量消費的循環。

從二十世紀初期到今日，只不過短短的一百年左右，能量消費量與環境污染物質量快速的增加。文明和工業發展起來，進入大量生產、大量消費的時代，我們漸漸能享受到便利的生活，但是以此換來的地球環境問題，卻是令人不忍目睹。

從復活節島學到的滅絕腳本

復活節島位於南美洲智利往西三千公里的太平洋上，一聽到這個孤立在汪洋中的小島時，很多人最先想到的是排列在廣闊晴空下的神祕巨型摩艾石像群。**這個島雖然有著樂園的形象，現實卻是相反，它其實經歷過悲哀的歷史。**

當地的語言稱這個島爲「拉帕努伊」，屬於亞熱帶氣候，面積約一百六十平方公里，最高的泰瑞佛卡山海拔只有五百一十公尺，全島並不大，雖然氣候穩定，火山噴發帶來了肥沃土壤，但是亞熱帶氣候在寒冷的時候也會刮起強風，全年的降雨量就玻里尼西亞來說算少，所以島上栽培的熱帶重要作物——椰子，也發育得並不好。

不過，**從花粉和碳的分析調查發現，從前復活節島有一大片多種樹林形成的森林**。

西元九百年以前，玻里尼西亞族原住民乘坐獨木舟，在海上航行幾星期後，來到這個島上定居下來。他們砍伐了大量木材，建築住屋、收集材薪和製作獨木舟和搬運、製造摩艾石像。

巨大石像「摩艾」是祭拜祖先的象徵，最有力的說法認爲它是宗教性的塑像。摩艾大約製造於十一世紀到十六世紀，約有近半數只刻到一半，至今仍保留在採石場。

復活節島上各氏族的爭鬥，原本只是互相競逐建造更大的摩艾像，但是亂墾濫伐導致資源減少，建不成摩艾像，於是爭端便轉移到剩餘木材資源的爭奪和推倒、破壞敵人的摩艾像。人們感受到生活環境的危機，爲了向祖先祈福，就更加虔誠的崇拜摩艾像。

到了十五世紀初期至十七世紀之間，寶貴的森林資源全部砍伐殆盡，所有種類的樹木從此滅絕。森林的破壞也造成土壤侵蝕，作物的生產量連年減少，最後陷入飢荒，甚至出現吃人肉的情形。

一七二二年，荷蘭探險家雅各布·羅赫芬在復活節當天發現了這個島，在此之前，復活節島已有近千年不曾與外界接觸，幾乎處於孤立狀態。歐洲人發現復活節島時，島上糧食匱乏，殘存的島民幾乎全裸，過著石器時代般的生活。

後來，各國的捕鯨船和調查船來到此島，一八六二年歐洲人進行大規模的抓捕奴隸活動，抓走了一千五百名居民，相當於全島一半的人口。他們到了秘魯，被迫從事苛刻的強制勞動，大多數人都死於非人的虐待中。

之後，僥倖存活的十幾個奴隸回到島上，又將天花等新的傳染病帶進來，使得人口最多時達一萬五千人以上的島民，在一八七二年時因爲這起浩劫，只剩下一百一十一人。

演化生物學家賈德·戴蒙（Jared Diamond）對於復活節島社會的毀滅，有以下的原因論。

(1)該島雖然地處太平洋，但是環境脆弱，具有森林破壞最高風險的特異地理因素。

(2)受孤島條件的拖累，難以避難或移居。

(3)島民的關注點集中在石像的建設。

(4)由於氏族與酋長們的競爭，不斷建造大型石像，因此需要大量的木材、繩索和糧食。

從復活節島的毀滅過程中，我們學到了什麼？

復活節島的歷史，我們不能將它歸類爲遙遠國度的遠古故事就算完了，它可以說是一冊讓我們學習滅亡過程的寶貴教科書。

離「世界末日」還有兩分鐘

各位知道「末日時鐘」是什麼嗎？

這是美國科學期刊《原子科學家公報》（*Bulletin of the Atomic Scientists*）在一九四七年冷戰時期創設的機制，它將地球因氣候變遷或核子武器造成滅亡的時刻定爲凌晨零時，象徵性的顯示倒數的時間。[5]

二〇一八年一月，「末日時鐘」撥快了三十秒，此時距離人類滅亡的凌晨零點，只剩下兩分鐘。

該雜誌的執行董事肯妮特．貝內迪克（Kennette Benedict）說：「今日，無法控制的氣候變遷，和現代化兵器的大量儲備造成核子軍備競爭，對人類的生存

5 創立時將末日時鐘時間定為倒數七分鐘，至今時鐘已撥快、撥慢過二十多次，最近一次是在二〇二〇年一月二十三日，末日鐘被撥快二十秒，距離零時只剩一百秒。

造成顯而易見的重大威脅。」

看到地球環境的惡化與人類家畜化的現象，但是末日倒數計時還在一分一秒的前進，它的威脅顯然比我們認為的更加迫近眼前。

在此時刻，我不禁覺得，如果人類能與我心愛的命運共同體——寄生蟲一起，從地球上消失，也不是什麼壞事。人類在好運的幫助下延續香火到現在，所以，我們的存續應該具有某些重要的意義。

機會難得，所以下一章我想來思考一下避免人類滅亡的方法。

第5章

避免人類滅絕的意外方法

黑猩猩與人類的基因有99%相同

人類與黑猩猩在生物的進化中，擁有非常接近的共同祖先，據研究兩個物種是在五百到七百萬年前從共同祖先中分支出來。

研究結果顯示，黑猩猩的基因有98．77%與人類相同，也就是說，人類是98．77%的黑猩猩，因此，研究與人類一起進化的黑猩猩，就成爲了解我們人類不可欠缺的作業。

京都大學靈長類研究所的松澤哲郎，因研究「愛」和其子「小步」等多隻黑猩猩而享譽國際。

愛會使用電腦螢幕，記憶數字和文字。

例如，黑猩猩只要按下電腦螢幕上的白色○，代表「請發問」，螢幕上就會顯示散亂排列的1到9數字。而牠會按由小到大的順序，用手指觸碰數字。

愛的兒子小步最初四年只讓牠待在母親身邊，沒有讓牠學習，到了四歲（人類的六歲，相當於小學一年級）時，研究人員給小步看電腦螢幕，和母親一樣。

小步在母親身邊觀察過牠的動作，也理解習題的意義吧，漸漸學會了數字，半年時間牠就懂得從一到九的順序，現在更進一步的懂得一到十九的數字順序。

此外，小步在五歲半時接受記憶測驗。

這個測驗叫做遮蔽課題，首先在電腦螢幕上隨機顯示「1、2、3、4、5、6、7、8、9」的數字，黑猩猩碰觸最小的數字「1」時，「1」會消失，同時剩下的2~9的數字會變成白色方塊，看不出之前的數字是什麼。

但是，小步按下「1」之後，毫不猶豫的依序按下「2」變成的方塊，和

「3」變成的方塊。也就是說，牠瞬間記住了數字的所在位置，可以按由小到大的順序指出。

小步只花了〇點七秒按下「1」，畫面出現數字的同時，小步就記住了所有數字的位置，而且幾乎沒有錯誤。

讓其他和小步一樣的黑猩猩寶寶做同樣的測驗，大家都能完成習題，但是成年的黑猩猩卻做不到。而且，如果讓九歲左右的人類小孩做這個測驗，他們無法完成，成年的京大學生也來挑戰，但是沒有一個人能贏過小步。

研究人員只讓小步在〇點〇六秒內看五個數字，即使提示的時間極短，牠完成習題時也有50%的正確率，而且也發現牠只看一眼就能記憶細節的記憶力，能持續十秒鐘，但是叫牠等十秒以上有困難，也很難研究。

黑猩猩的記憶能力比人類優異

經過一連串記憶數字的比較研究，**顯示出「黑猩猩在記憶答題方面，比人類優秀」，還有黑猩猩具有直接記憶的能力，稱之爲「遺覺記憶」（Eidetic memory**，又稱爲照相式記憶）。

松澤教授認爲，牠們的野生生活有助於這種瞬間記憶的形成。

野生的黑猩猩群體生活，不同群體的黑猩猩經常爭吵，所以與其他群體遭遇時，必須立即掌握對方的數量和位置，以備作戰之需。

此外，若是發現美味的紅色無花果實，就必須找到可以連接到那棵樹的樹枝，無花果樹是大樹，如果看錯了樹枝，就得要繞遠路。

此外，也必須辨識出哪條樹枝上有哪隻猩猩已經先到達了，如果有比自己位階高的成年雄猩猩在附近的話，也沒辦法安穩的吃果實。

看到樹的瞬間，立刻掌握無花果果實的成熟度、位置、先到者有無等狀態，對黑猩猩來說，是最重要的生存技能。

從這些原因，我們可以推斷**黑猩猩進化了「遺覺記憶」的能力，能夠瞬間記下眼前的資訊**。

所以一般黑猩猩寶寶都具有「遺覺記憶」的能力，但是，**幾乎所有人類都沒**

有這種「遺覺記憶」的能力。

儘管黑猩猩與人類的基因有九八・七七%相同，然而，爲什麼人類沒有這種能力呢？

得到語言後人類失去的能力

前面提到了京都大學靈長類研究所的松澤哲郎教授，對於人類失去「遺覺記憶」提出了如下的假說。

從前，人類和黑猩猩的共同祖先具有遺覺記憶，黑猩猩完整的保留了下來，而人類在演化成人類的過程中失去了遺覺記憶，卻得到了語言。稱之爲「知識交易假說」。

黑猩猩過群居生活，擁有優異的遺覺記憶能提高生存率，如前所述，當牠們發現樹枝上有美味的無花果實時，必須要立即掌握如何到達目的地的樹枝和周圍是否有高位雄猴存在。

但是，以人類來說，當眼前有個生物快速經過時，他們並不需要記憶「那生物有兩顆眼睛，身體是深褐色，用四隻腳奔號，體型大，長滿濃密的毛」的遺覺記憶，只要記得「那是熊！」然後對別人說，就能正確的向許多人傳達這一點。即使具有黑猩猩的瞬間遺覺記憶，只靠這種能力也無法與同伴分享經驗。

可以說人類脫離與黑猩猩的共同祖先，從樹上下來，開始過著雙腳步行的生活後，就獨自進化語言能力，與同伴分享體驗。

從我們的角度來看，黑猩猩的遺覺記憶能力令人羨慕，也許還覺得如果當初這種能力與語言能力同時保留下來該有多好。不過那是不可能的。

因爲我們的腦容量是固定的。

樹上生活時靠四股步行，頭腦位在身體的前方，但也許是環境變化造成糧食不足或其他原因，所以我們的祖先從樹上下來，開始用兩腳行走。

這種改變使得頭部在身體的上方，兩隻手都可以自由的使用，而且，直立行走產生口腔與咽頭成爲直角的遺傳性變化，因而有能力發出複雜的語言聲音。

三百五十萬年前南方古猿（*Australopithecus*）腦容量約四百毫升，二百五十萬年前從南方古猿分支出來的巧人，腦約有六百四十毫升，生存於一百五十萬年前，已會使用石器的直立人，約有一千零四十毫升，隨著進化，腦容量也越來越擴大。

其次，在五十萬年前到十三萬年前的尼安德塔人出現，腦容量也到達一千五百毫升。現代人也就是智人的腦容量則稍稍變小，約一千四百毫升。

在進化的過程中，**身體的體型雖然沒有太大的變化，唯獨腦容量卻增加到三倍以上**。

腦容量超大帶來的後果

學者推測，在腦容量急速增大時，也開始了人類式的育子行爲，在群體中，人類懂得利他行動，和合作、任務分擔，所以不只是母親，多名大人會合作同時照顧多名孩童。

這種合力工作的狀況增加後，**語言就比遺覺記憶來得有幫助。語言幫助人類複雜思考，理解事物。**藉由語言，理解發生的事，並且簡單的傳達給別人，互相交流自己對事物的解釋和想法，就能夠讓自己的思想和群體的思想發展起來。

語言不但是邏輯、思考等智力行爲的基礎，也是溝通、感性與情緒的基礎。人藉著語言共享資訊，與他人的連結也變得更穩固。

但是，腦獲得這種能力，就必須捨棄其他能力，人類的腦容量雖然變得非常大，但是已經沒有空間再塞進其他能力。

「No pain, No gain」（沒有辛苦就沒有收穫），想要得到什麼，就必須付出什麼代價。

人類是在不斷測試如何在有限的腦容積中，進行有效率的神經活動才能應付環境，才形成了現在我們的大腦。

我們的頭腦經過不斷選擇的結果，形成現在這種怪異的物體，有時看起來「很蠢」，但它可算是累積了祖先代代相傳的辛勞所形成的結晶。

獲得語言的人類會走向何方？

在地球上，長年以來，弱肉強食一直是促進繁榮的強大推動力。人類的祖先也是一樣，靠著打獵、打敗競爭對手的力量促成了進化。

但是，人類並沒有爲了生存競爭，演化出恐龍那麼巨大的體型，或銳利的尖牙，而是選擇將腦容量運用到極限，學會語言能力。

弱者互相幫助，找出在團體中安家落戶的安全方法，進化便朝著這個方向前進。

從這裡開始，人類的文化開始加速發展，例如，更進一步的快速發展出文字的發明與使用、印刷技術的發明。現在，透過通訊方法的多樣化、電腦的發明、網路革命等，可以不分時間地點的獲取大量資訊，人類已經達到古代想像不到的高度文明世界。

人類獲得遺傳性的變化，有了語言與說話的能力，並未等待身體上的遺傳性變化，靠著集聚知識的速度發展文化。

而且，人類也演化成地球歷史發生以來，首次具有破壞所有生命能力的物種。

不過，我們不應該為此感到高興。

人類文明發達的速度越快，也加速了地球上多種生物面臨絕種危機的機率。基因的變化趕不上文明的變化，我們人類也和動物一樣，有極高的滅亡可能性。我們建立的文明走到了可能消滅自己的地步。

如前面所說，日本國內幾乎已經看不到我心愛的蛔蟲或日本海裂頭條蟲感染，像寄生蟲這種微小的生物滅絕，許多人也許覺得無所謂，甚至認為那麼噁心的東西，消失了比較好。

但是，請好好的想一下。

在人類漫長歷史中，與我們共存的生物消失了，代表我們的身體變成牠難以居住、活不下去的環境，意味著我們的身體裡也發生了環境破壞。

一直以來用功讀書的各位，應該很清楚與我們共生的腸內細菌和常在菌有多麼重要。我們人類因為獲得了語言能力，透過人與人的傳達、書、網路等媒體，獲得了對自己或他人有用的資訊，才能興旺的繁衍到現在。

但是，如今環境破壞和絕種問題非常迫切，此外，世界各個地區發生的戰爭、糾紛等問題，一直都沒有解決的跡象。

我們本應能夠輕鬆得到豐富而有用的資訊，但爲什麼這些問題卻層出不窮，難以解決呢？

黑猩猩不會絕望

前面已經說過，黑猩猩的遺覺記憶能力，在進化的過程中，並沒有在人類身上留傳下來。因爲這種及時敏銳的視覺能力是黑猩猩在自然界中求生存時必備的技能。

但是，**人類獲得了另一種能力，它能想像眼前所沒有的事物，和現在未曾發生的事物，讓我們能在社會上生存下去。**

我們人類經常思索所有事物的意義和背景、與他人的關係，也會煩惱實際上

並不存在的事物。此外，還會後悔過去、對未來絕望。但是，相反的，黑猩猩活在「當下」，從來不會絕望。

京都大學靈長類研究所的松澤哲郎教授就黑猩猩與人類的差異分析道：「這不是意味著人類擁有懷抱『希望』的能力嗎？人類因爲會想像，所以才會絕望，正因爲如此，也才能懷抱希望，而沒有絕望的地方也產生不了希望。從黑猩猩身上，我們學到的不正是這個重要的道理嗎？」

我剛才說過，現在是個能大量、簡單、迅速獲得資訊的時代，爲什麼許多問題還是無法解決呢？

我在想，會不會是獲得的資訊越

多，並沒有比較好。

事實上，從十七世紀左右，就有人這麼認爲了。德國哲學家哥特佛萊德．萊布尼茲（Gottfried Wilhelm Leibniz）感嘆出版的書籍太多，英國的詩人亞歷山大．蒲柏（Alexander Pope）也警告作家的數量太多了。

而這五十年左右，我們接收的資訊量更是急遽的膨脹，從前在街上唯一的電視看摔角、寄出信件等回信，約好在車站碰頭，對方沒來時在留言板上傳話，這種緩慢的接收資訊方式早已不再。

像現在這樣，一旦習慣了隨時接觸電視等資訊媒體，利用手機、電子郵件、網路即時接收大量資訊的生活，對資訊的來源變得被動，也就停止自己思考了。

即使在網路上搜尋，主動的尋找自己想要的資訊，但是將該資訊囫圇吞棗的接受，完全不懷疑它「是眞的嗎？」「爲什麼會這樣？」，這也是停止思考的原因。

威斯康辛州立大學心理學名譽教授喬安娜．肯德（Joanne Cantor）認爲，資訊過量會阻擾決策有兩個原因。

第一，人們看了太多的資訊，會在下意識放棄思考，把決定完全交給意識。

第二，削除多餘的資訊，可以讓無意識中的思考更加周延。

當然，獲取資訊對我們來說也非常重要，因爲了解眞相，了解發生的事，自己的意識和行爲也會改變。

但是，現在連不必要的資訊都能大量獲得，隨時處在更新訊息的狀態下，思考就會停止，想像力也會麻痺。

我深深覺得，人類在進化過中辛辛苦苦獲得的「想像力」，又自己將它丟棄，很可能就是人類走向滅亡的捷徑吧。

「同感」、「同情」、「共鳴」有哪裡不同？

我們人類運用語言進行複雜的溝通，同時，也互相幫助，創建政府，構築適居的環境。正如「人間」、「世間」這兩個詞所表現的，我們是生活在人與人之間，人與人的連繫之中。

人與人之間的無形連繫，稱之爲「共鳴」，我認爲它是種類似吸引人心的「引力」。

而面對他人或意見，我們會說「同情、同感」，那麼它們與「共鳴」有什麼不同呢？

首先，我們先參考一下辭典的說法。

【同感】：相同的想法或感受。

【同情】：對他人的痛苦、悲傷感同身受，產生理解、憐憫的心情，感到可憐。

【共鳴】：完全同意別人的想法、行爲。同感。對他人體驗的感情，如同自己也有同樣的感覺。

（參考三省堂《大辭林》第三版）

從辭典上來看，同情是從對他人感到憐憫而衍生的，這種感情帶有高高在上的味道。而同感與共鳴則大致像是相同的意思。

但是，我認爲同感與共鳴的意思大相逕庭。

同感，是感覺自己與對方的價値感相同，而表示贊成，換個說法，同感是從彼此的價値觀這個封閉的框框裡產生。

相對的，共鳴是自己未必同意對方，但是能想像對方的立場或感情，站在對方的角度感受，並且全盤包容的意思。

也就是說，同感是在狹窄的範圍內產生的情感，而共鳴是對外開放的情感，想要成功的與人溝通或是擴展人際時，眞正需要的是「共鳴力」。

善於與人共鳴的人，能解除別人的緊張或戒心，產生信任感。例如，一流的公關小姐或少爺都未必長得容貌出眾，因爲如果只能憑著姿色與人較量，周圍一定會有很多對手。

那麼，爲什麼他們能成爲一流人士呢？因爲他們不論面對什麼立場的顧客，都有能力與他們談得來，靠著這一點獨占鰲頭。

曾任多家外資大企業社長，以「傳說的外資領袖」聞名的新將命先生，據說曾向銀座頭牌的公關小姐請教迎合話題的祕訣。

她說，剛開始的時候以爲配合客人，就必須改變自己，但是那麼做非常痛苦。

有一次，她終於忍不住向其中一個客人抱怨：「改變自己去配合別人好辛苦哦。」

那位客人當時回答：「**沒必要因爲對方是基督徒，佛教徒就得變成基督徒啊。需要的只是基督教的知識。**」

她頓時恍然大悟，原來重點並不是在改變自己，而是充實自己的內涵。只要自己的內涵夠廣闊，就能夠充分迎合客人了。

於是，她開始每個月讀八本書、十本雜誌，來充實自己的內涵，她選的書不分類別，從文學到企管經營都看，其他也常去看電影、戲劇，名人的演講會、以及音樂會和美術展。她說：「如果我現在在業界首屈一指的話，那是自我磨練的結果。」

「共鳴」一詞聽起來好像很簡單，但是要能做到這一點，首先必須揀選重要的知識或資訊，努力用功，擴展自己的視野。然後從各種不同的立場放大自己的想像力。

憑藉這樣的努力，自己的內涵漸漸寬廣，培養出充滿人性魅力的想像力和共鳴力，也增加了人與人之間的連結。

霍金博士的信息給我們的啟示

中東敘利亞內戰引發的人道危機漸趨嚴重，直到現在內戰還沒有平息的跡象。身在和平地區的我們必須想想能夠做些什麼，緊急支援和保護逃避戰火的難民。

關於這一點，太空物理學家史蒂芬·霍金在《救助兒童會》（Save the Children）的投書中，提到人類和其未來（全文刊在《救助兒童會》的官網上（https://www.savethechildren.org/），有興趣的人不妨讀一下全文）：

今日人類史無前例的快速發展，我們的知識越來越擴大，帶動了科技的進步。但是人類仍然有著本能。石器時代人類的攻擊性衝動足堪爲其代表。攻擊性在爲了求生存上，確實較有利益，但是現代的科技與古代的攻擊性融合的話，將使全人類和地球上絕大多數的生物暴露在危險中。

（中略）

敘利亞發生的行爲極其可惡，而世界只是遠遠的冷眼旁觀，我們感性的智慧到底到哪裡去了呢？

另外，我們共同的正義感呢？

透過歷史，人類大多的行爲都反映出，並沒有將幫助自己種族的生存納入盤算，即使如此，當我談到宇宙的智慧生命，還是把人類納入其中。

智慧不同於攻擊性，它是否有利於長期生存，還未有定數，但是我們人類驕傲的智慧，不只能照顧我們自己，也具有思索我們共同的未來，建立計畫的能力。

我們必須發起行動終結這場戰爭，保護敘利亞的孩子們，國際社會在這場紛爭燒盡所有的希望、不斷激化的三年間，一直當個不願插手的旁觀者。我身爲一個父親，一個祖父，看著敘利亞孩童的痛苦，現在在此明確的宣布：必須結束它。

（中略）

敘利亞的紛爭也許並不代表人類的末日，但是在那裡發生的一件件殘酷行徑，打破了連結我們的牆壁。宇宙的正義原則也許並非根植於物理學，但是我們存在的根源性本質並沒有改變。如果沒有它，不遠的未來，人類將不復存在吧。

戰火雖然發生在大多數日本人沒有去過的遙遠國家，可是我們不能保證它不會發生在自己住的地方。

而且，**霍金博士也警告，如果沒有了「宇宙的正義原則」，不久的未來人類也不復存在**。

現在，我們了解了世界某處正在發生戰亂的事實，請各位試著運用你的想像力，想像那些成爲難民的人有什麼感受，如何辛苦、如何的痛苦。如果是自己的話該怎麼辦？現在的自己能夠做些什麼？

我們不該成爲霍金博士所說的國際社會旁觀者，身在遠方的我們如果每個人都能想像、共鳴、行動，即使剛開始只是小蝴蝶拍動翅膀，但漸漸會增大幅度，變成巨大的龍捲風，最後將能改變整個世界。

其實「可悲雄性」才是避免人類絕種的關鍵人物

這一章的結尾，我想介紹與「想像和共鳴」同樣重要的關鍵字，那就是「多樣性」。

第3章中我敘述了「雄性的無用論」，歸根究底，雄性與雌性進行有性生殖，是確保「多樣性」好應付外在環境變化的一種智慧。

但是，人類的大腦高度進化之下，變得連外在環境也都掌控自如，最後卻開始探討捨棄麻煩的有性生殖的可能性，也就是說過度發展的文明社會，漸漸不需要雄性。

這麼一想，爲了應付我們當今面臨的滅絕危機，必須保有多樣性，那麼維持有性生殖所需要的雄性存在，就成了不可缺少的一環了。

如在第1章和第2章所見，雄性的那些看似傻呆的策略，令人搖頭的雄性行爲——被雌性玩弄的雄性、爲了生殖奉獻性命的雄性、視環境變化改變性向的生物們——這一切都是爲了保護生物的多樣性，藉此避免絕種、將自己的基因傳到下一代的對策。

正是因爲有了雄性各種稀奇古怪的可悲行爲，自原始生命誕生，才能連綿的傳遞到今日。

了解了這一點後，所有可悲的雄性在我眼中都顯得那麼可愛。

後記

本書中介紹的「換身蠱蟲」研究，後來才知道它獲得了二〇一七年的搞笑諾貝爾獎。

搞笑諾貝爾獎的英文原名Ig Nobel Prizes，是取自英語的形容詞ignoble諧音，意思是「不光彩的」、「可恥」的意思，而將「ig（表示相反的接頭語）」與「Nobel」（諾貝爾）搞笑連接起來，取名富有深意的名譽獎。

雖然它是諾貝爾獎的搞笑版，贈予引人發笑，也讓人深思的研究，但是頒獎儀式在哈佛大學的桑德斯劇場，而且許多諾貝爾獎的得獎人也會出席擔任頒獎人，所以在科學上是相當正經、正式的獎項。

但是，得獎人的旅費與住宿費得自己負擔，二〇一七年的獎金是十兆辛巴威幣一張（相當於台幣零點一元）。獎狀爲審查員簽名的複印紙。大會還要求頒獎者在典禮中演講時，必須讓觀眾發笑，所以從某種意義來說，它的門檻也許比諾貝爾獎還高。

順便介紹一下，二〇一七年獲得搞笑諾貝爾獎的其他研究有：「物理學獎：用流體力學來探討貓能否同時爲固態和液態的研究」、「和平獎：證明演奏迪吉里杜管，有助於減緩睡眠呼吸中止症」、「經濟學獎：研究與活鱷魚接觸的興奮如何助長一個人的賭博意願」等，每一項都令人十分好奇。

我不禁開始想像，如果五十年前就有這個獎的話，我自己做的研究——「寄生蟲抑制過敏」應該也能得獎。

這次，獲得生物學獎的「換身嚙蟲」研究，是非常獨特的發現，我認爲這種顛覆世界常識的發現或研究，可以將我們的視角變得更多樣性。

我們有時候會把人類的生態或思想當成常識。

尤其是性別方面，像是「男女必須這樣做」等，我們平常人都有強烈的刻板觀念，有時它成爲我們的煩惱，或者是麻煩的源頭。

但是，環顧整個生物界，我們會發現不論哪一種生物，理所當然的都具有多樣性，在各別的科種下完成了各式各樣的進化。

僅用性別這個角度來看，就能有這麼多的不同，想到牠們各有各的性格，我想必然會出現天文數字般的不同吧。

總之，性別這個特質，是爲了創造多樣性而出現的產物，所以我們隱隱可看到生物界的常規，那就是即使花費成本和時間，也必需具有個性。從人的角度來看，也許覺得雄性的行爲或生態慘不忍睹，但是從生物界來看，卻是窮盡畢生之功才完成的重大事業。

我們人類很喜歡用框架來思考事物，但是，這種均一化的思考方式，從生物界來看卻是非常危險，因爲品質劃一的生物，在生存戰略上十分不利，面對滅絕的危機非常脆弱。

物理學家愛因斯坦說：「想像力比知識更重要，知識有界限，但想像力包含全世界。」

正因爲上天賜予的想像力，人類才蘊含了與他人連結，創造更美好未來的可能性。從多樣性中學習，培養豐富的想像力，和不失去想像力，將能讓我們活得更美好。

藤田紘一郎

國家圖書館出版品預行編目資料

可悲的雄性生物 / 藤田紘一郎著 ; 陳嫻若譯
—— 初版 —— 臺中市：好讀，2020.06
面； 公分，——（發現文明；40）
譯自 : 残念な「オス」という生き物
ISBN 978-986-178-521-9（平裝）
1. 人類演化 2. 生物演化
391.6　　　　　　109006330

好讀出版

發現文明 40

可悲的雄性生物

作　　者／藤田紘一郎
譯　　者／陳嫻若
總 編 輯／鄧茵茵
文字編輯／莊銘桓
行銷企畫／劉恩綺
發 行 所／好讀出版有限公司
　　407 台中市西屯區工業 30 路 1 號
　　407 台中市西屯區大有街 13 號（編輯部）
TEL: 04-23157795 FAX: 04-23144188 http://howdo.morningstar.com.tw
(如對本書編輯或內容有意見，請來電或上網告訴我們)
法律顧問／陳思成律師
總經銷／知己圖書股份有限公司
106 台北市大安區辛亥路一段 30 號 9 樓
TEL: 02-23672044 / 23672047 FAX: 02-23635741
407 台中市西屯區工業 30 路 1 號
TEL: 04-23595819 FAX: 04-23595493
E-mail: service@morningstar.com.tw
網路書店：http://www.morningstar.com.tw
讀者專線：04-23595819#230
郵政劃撥：15060393（戶名：知己圖書股份有限公司）

填寫線上讀者回函
獲得更多好讀資訊

印　　刷 / 上好印刷股份有限公司
初　　版 / 西元 2020 年 6 月 1 日
定　　價 / 300 元
如有破損或裝訂錯誤，請寄回臺中市 407 工業區 30 路 1 號更換（好讀倉儲部收）

Published by How Do Publishing Co., Ltd.
2020 Printed in Taiwan
ISBN 978-986-178-521-9